Anna Busch

# Stoßwellenuntersuchungen zum Zerfall stickstoffhaltiger Verbindungen mit spektroskopischen Methoden

# Stoßwellenuntersuchungen zum Zerfall stickstoffhaltiger Verbindungen mit spektroskopischen Methoden

von
Anna Busch

Dissertation, Karlsruher Institut für Technologie
Fakultät für Chemie und Biowissenschaften, 2010

**Impressum**

Karlsruher Institut für Technologie (KIT)
KIT Scientific Publishing
Straße am Forum 2
D-76131 Karlsruhe
www.ksp.kit.edu

KIT – Universität des Landes Baden-Württemberg und nationales
Forschungszentrum in der Helmholtz-Gemeinschaft

KIT Scientific Publishing 2010
Print on Demand

ISBN 978-3-86644-586-4

# Stoßwellenuntersuchungen zum Zerfall stickstoffhaltiger Verbindungen mit spektroskopischen Methoden

Zur Erlangung des akademischen Grades eines

## DOKTORS DER NATURWISSENSCHAFTEN

(Dr. rer. nat.)

Fakultät für Chemie und Biowissenschaften
Karlsruher Institut für Technologie (KIT) - Universitätsbereich
genehmigte

## DISSERTATION

von

Dipl.-Chem. Anna Busch
aus Lahnstein

Dekan: Prof. Dr. S. Bräse

Referent: Prof. Dr. M. Olzmann

Korreferent: Prof. Dr. O. Deutschmann

Tag der mündlichen Prüfung: 12.07.2010

# Dank

Prof. Dr. M. Olzmann möchte ich für die freundliche Aufnahme in seinen Arbeitskreis danken. Bedanken möchte ich mich auch bei den liebenswürdigen Kollegen für das angenehme Arbeitsklima.

Ein ganz besonderer Dank gilt Dr. C. Kappler und außerdem Dr. O. Welz und Dr. S. Dürrstein für die Freundschaft und die nette Gesellschaft in Büro, Labor und Kaffeezimmer.

Dr. N. González-García sei nicht nur für die Unterstützung mit und bei den Rechnungen gedankt.

Prof. Dr. G. Friedrichs danke ich für die Starthilfe beim Aufbau des FM-Spektrometers, ihm und J. Dammeier für die nicht selbstverständliche Diskussionsbereitschaft.

Für die Hilfsbereitschaft bei der Lösung aller möglicher größerer oder kleinerer technischer Probleme danke ich P. Hibomvschi, D. Kelly und den Mitarbeitern der feinmechanischen und der elektrotechnischen Werkstatt sowie dem Glasbläser G. Rotter.

Vor allem möchte ich mich auch bei meiner Familie bedanken, auf deren Unterstützung ich mich immer verlassen konnte.

# Inhaltsverzeichnis

# 1 Zusammenfassung

Übergeordnetes Thema der vorliegenden Arbeit ist allgemein formuliert das Studium der Kinetik homogener Reaktionen in der Gasphase. Konkret handelt es sich bei diesen Reaktionen um thermische Zerfallsreaktionen stickstoffhaltiger Spezies unter verbrennungsrelevanten Bedingungen (bei Drücken von etwa 1 bis 5 bar und Temperaturen von 1000 bis 3000 K). Dabei steht die experimentelle Untersuchung im Vordergrund; theoretische Methoden dienen der Erklärung und Unterstützung der experimentellen Befunde.

Zur schnellen Erzeugung hoher Temperaturen wurde eine Stoßwellenapparatur verwendet. Die Kinetik der nach dem Temperatursprung ablaufenden Reaktionen wurde durch die Ermittlung von Konzentrations-Zeit-Profilen einzelner Spezies mit Hilfe von spektroskopischen Methoden verfolgt.

Eine Hauptaufgabe bestand in der Konzeption und dem Aufbau eines Frequenzmodulationsspektrometers zum zeitaufgelösten Nachweis kleiner Moleküle im Stoßrohr. Das Spektrometer wurde zuerst durch nicht-zeitaufgelöste Messungen getestet und charakterisiert und dann an den Stoßrohrkopf gekoppelt. Zur Überprüfung der Funktionsweise bei zeitaufgelösten Messungen hinter Stoßwellen wurden während der kinetisch recht gut bekannten Pyrolyse von Ammoniak ($NH_3$) die entstehenden Aminoradikale ($NH_2$) mittels Frequenzmodulationsspektroskopie (FMS) nachgewiesen. Sie wurden bei Temperaturen zwischen 2334 und 2938 K und Drücken zwischen 1,13 und 1,35 bar detektiert. Die Wellenlänge des verwendeten Nachweislasers wurde dabei auf das Maximum des FM-Signals für das überlappende Dublett der $A^2A_1 \leftarrow X^2B_1(090 \leftarrow 000)\Sigma^P Q_{1,N}(7)$-Bande der Aminoradikale in einer $NH_3/O_2$-Flamme, auf etwa 375,371 nm, eingestellt. Mit aus der Literatur entnommenen Parametern zur Charakterisierung dieses Übergangs und dem zuvor bestimmten Verstärkungsfaktor des FM-Spektrometers konnten die aufgenommenen Signale in $NH_2$-Konzentrations-Zeit-Profile umgewandelt werden. Diese konnten bei Abschätzung der Adsorption des $NH_3$ an der Stoßrohrwand durch Modellierung mit einem Mechanismus aus der Literatur sehr gut reproduziert werden. Somit wurde gezeigt, dass mit dem aufgebauten FM-Spektrometer Aminoradikale ($NH_2$) in Stoßwellenexperimenten zeitaufgelöst und quantitativ nachgewiesen werden können.

Die erfolgreiche Detektion der $NH_2$-Radikale während des Ammoniakzerfalls ermöglichte die nachfolgenden Messungen zum thermischen Zerfall von Allylamin ($C_3H_5NH_2$) zu Allylradikalen ($C_3H_5$) und Aminoradikalen (Reaktion $R_{6.2}$). Die Stoßwellenexperimente wurden im Temperaturbereich zwischen 1180 und 1500 K und in zwei Druckbereichen, bei im Mittel 1,6 und 4,9 bar, durchgeführt. Die entstehenden $NH_2$-Radikale wurden wie oben erläutert durch FMS nachgewiesen. Die Geschwindigkeitskonstante kann im gesamten Druck- und Temperaturbereich durch folgenden Arrheniusausdruck beschrieben werden:

$$k_{R_{6.2}}(T) = 2,85 \cdot 10^{13} \cdot \exp\left(\frac{-247,8 \text{ kJ mol}^{-1}}{RT}\right) \text{ s}^{-1}$$

In einer Mastergleichungsrechnung wurden thermische Geschwindigkeitskonstanten erhalten, die gut mit den experimentellen Ergebnissen übereinstimmen. Dabei wurde auch ein zweiter Zerfallskanal des Allylamins berücksichtigt, bei dem eine H-Abspaltung in $\alpha$-Stellung zur $NH_2$-Gruppe erfolgt. Für Allylamin konnte eine Standardbildungsenthalpie bei 0 K von 83 kJ mol$^{-1}$ ermittelt werden. Außerdem wurde mit Hilfe quantenchemisch berechneter Daten über das Prinzip des detaillierten Gleichgewichts aus der experimentell bestimmten Geschwindigkeitskonstante $k_{R_{6.2}}$ die Geschwindigkeitskonstante für die Rückreaktion $C_3H_5 + NH_2 \rightarrow C_3H_5NH_2$ (Reaktion $R_{6.1}$) berechnet. Dabei ergab sich für den oben genannten Temperatur- und Druckbereich:

$$k_{R_{6.1}}(T) = 4,52 \cdot 10^{10} \cdot \exp\left(\frac{+39,2 \text{ kJ mol}^{-1}}{RT}\right) \text{ cm}^3 \text{ mol}^{-1} \text{ s}^{-1}$$

Weiterhin wurde der thermische Zerfall von Cyanonitren (NCN) zu $^3$C und $N_2$ (Reaktion $R_{7.1}$) ebenfalls im Stoßrohr durch zeitaufgelöste Detektion der $^3$C-Atome mittels C-Atomresonanzabsorptionsspektroskopie (ARAS) untersucht. Dabei wurde erstmals Cyanazid ($NCN_3$) als thermischer Vorläufer für NCN eingesetzt. Für 1800 bis 2950 K und einen Druck von etwa 1,4 bar wurde folgender Ausdruck für die Geschwindigkeitskonstante erhalten:

$$k_{R_{7.1}}(T, p \approx 1{,}4 \text{ bar}) = 3,30 \cdot 10^{60} \cdot \left(\frac{T}{\text{K}}\right)^{-13{,}58} \cdot \exp\left(\frac{-57369 \text{ K}}{T}\right) \text{ s}^{-1} \qquad (1.1)$$

und für einen mittleren Druck von 4,1 bar:

$$k_{R_{7.1}}(T, p \approx 4{,}1 \text{ bar}) = 6,87 \cdot 10^{71} \cdot \left(\frac{T}{\text{K}}\right)^{-16{,}52} \cdot \exp\left(\frac{-62596 \text{ K}}{T}\right) \text{ s}^{-1} \qquad (1.2)$$

Auch hier wurde eine Mastergleichungsanalyse durchgeführt, mit der die experimentell ermittelte Temperatur- und Druckabhängigkeit der Geschwindigkeitskonstante $k_{R7.1}$ gut beschrieben werden konnte. Dabei wurde ein nicht-adiabatischer Übergang zwischen der Singulett- und der Triplettpotentialfläche angenommen, dem näherungsweise über die Einführung einer zusätzlichen Energiebarriere Rechnung getragen wurde.

Im Rahmen der vorliegenden Arbeit wurde an einem bestehenden Stoßrohr eine neue Detektionstechnik, die Frequenzmodulationsspektroskopie, installiert. Mit dieser Technik wurde der Zerfall von Allylamin untersucht. Darüber hinaus wurden Experimente zum thermischen Zerfall von NCN durchgeführt. Die erhaltenen kinetischen Daten wurden in beiden Fällen mit Hilfe statistischer Theorien unimolekularer Reaktionen analysiert und untermauert. Außerdem fand eine Parametrisierung für die Verwendung in Verbrennungsmechanismen statt.

# 2 Einleitung

Im Gegensatz zur Thermodynamik werden in der Kinetik chemische Systeme betrachtet, die sich nicht im Gleichgewicht befinden. Zentrales Thema der Reaktionskinetik ist die Geschwindigkeit von Reaktionen und deren Druck- und Temperaturabhängigkeit. Zur Bestimmung von Reaktionsgeschwindigkeiten werden sowohl experimentelle als auch theoretische Methoden eingesetzt.

In den Experimenten wird in der Regel die Konzentration eines oder mehrerer an der Reaktion beteiligter Teilchen oder eine zur jeweiligen Konzentration proportionale Größe detektiert. Aus diesen Signalen lassen sich dann häufig die Geschwindigkeitskonstanten einzelner Elementarreaktionen bestimmen. Bei mehreren möglichen Reaktionskanälen versucht man meist auch, Verzweigungsverhältnisse zu bestimmen.

In der Gasphase rufen vor allem Reaktionen aus der Atmosphären- oder Verbrennungschemie großes Interesse hervor. Die vorliegende Arbeit befasst sich mit Reaktionen, die im Zusammenhang mit der Schadstoffbildung bei Verbrennungsprozessen diskutiert werden. Die Verbrennung ist im Allgemeinen hoch komplex. Neben Aspekten wie dem Mischungsprozess (von gasförmigem und flüssigem Brennstoff mit Luft oder Sauerstoff), dem Wärmetransport oder auch der Turbulenz von Flammen spielt zum Verständnis vieler Phänomene auch die zugrundeliegende Chemie eine zentrale Rolle. Grundsätzlich ist Verbrennung ein chemischer Prozess, bei dem Wärme freigesetzt wird. Es laufen dabei immer Kettenreaktionen ab, bei denen hoch reaktive radikalische Intermediate auftreten[1].

Um zum Beispiel die komplizierten Vorgänge zu verstehen, die zur Schadstoffbildung führen, benötigt man adäquate chemische Modelle. Detaillierte Mechanismen bestehen für reale Verbrennungsprozesse meist aus vielen hundert Reaktionen und sind oft in der Lage, einige der beobachtbaren Eigenschaften ausreichend genau zu beschreiben. An vielen Fragestellungen scheitern sie jedoch. Es werden ständig neue Erkenntnisse gewonnen, die zu einer Veränderung der aufgestellten Modelle führen. Wichtige Parameter sind neben den beteiligten Spezies, den gewählten Reaktionen und entsprechenden thermoche-

---

[1] Das ungepaarte Elektron von Radikalen wird hier und auch in allen folgenden Kapiteln nicht explizit gekennzeichnet

mischen Daten auch die Produktverzweigungsverhältnisse und die Geschwindigkeitskonstanten der einzelnen Reaktionsschritte. Auch die Druck- und Temperaturabhängigkeit dieser Parameter sollte bekannt sein. Man muss also zum besseren Verständnis der Verbrennung die Kinetik der ablaufenden Reaktionen besser untersuchen. Die meisten dieser Reaktionen laufen homogen in der Gasphase ab.

Bei der Schadstoffbildung steht neben der Emission von Ruß und flüchtigen organischen Stoffen vor allem auch die Emission von Stickoxiden (NO, $NO_2$ und $N_2O$), zusammengefasst mit $NO_x$ bezeichnet, im Mittelpunkt des Interesses. Stickoxide selbst sind schädlich für die Atemwege. Sie katalysieren die Bildung von troposphärischem Ozon und sind so mit verantwortlich für die Entstehung von Sommersmog, tragen auch zur Bildung anderer sekundärer Schadstoffe (z.B. Peroxyazetylnitraten) bei und sind an der Bildung von saurem Regen beteiligt. In der Stratosphäre beschleunigen sie die Zerstörung des schützenden Ozons. $N_2O$ ist außerdem ein starkes Treibhausgas (etwa 300 mal stärker als $CO_2$).

Durch den Einfluss des Menschen ist im Vergleich zur vorindustriellen Zeit die $NO_x$-Emission auf das drei- bis sechsfache angestiegen [1]. In abgelegenen Bereichen über dem Pazifik liegt die $NO_x$-Konzentration lediglich bei einigen wenigen ppt (Verhältnis der Anzahl der Moleküle $NO_x$ zu Luftteilchen: $x(NO_x) \approx 10^{-12}$), in Städten können dagegen $NO_x$-Konzentrationen von mehr als 100 ppb ($x(NO_x) \approx 10^{-7}$) erreicht werden. Den größten Anteil daran hat die Verbrennung fossiler Brennstoffe wie Kohle, Erdöl oder Erdgas. Daneben spielen als $NO_x$-Quellen auch die Verbrennung von Biomasse (zu etwa 50 % durch Brände in Afrika) und die Emission aus mit stark stickstoffhaltigem Dünger behandelten Böden eine Rolle [2]. In Europa kommt der Hauptanteil des emittierten $NO_x$ eindeutig aus der Verbrennung fossiler Energieträger. Erst ein tieferes Verständnis des anthropogenen Einflusses und der damit einhergehenden Folgen, kann zu einer eventuellen Vermeidung negativer Konsequenzen führen.

Die wichtigsten $NO_x$-Bildungsmechanismen und Maßnahmen zur Vermeidung des $NO_x$-Ausstoßes sollen im Folgenden kurz erläutert werden. Auf einige Punkte wird in den Kapiteln 6.1 und 7.1 nochmals verwiesen.

Zur Bildung von $NO_x$ bei Verbrennungsprozessen werden derzeit fünf Wege diskutiert [3], deren Beteiligung am Gesamt-$NO_x$-Ausstoß vor allem vom Brennstoff und den Verbrennungsbedingungen, zum Beispiel dem Verhältnis von Kraftstoff zu Luft, deren Durchmischung oder der Verbrennungstemperatur, abhängt. In vier der fünf Mechanismen, dem Zeldovich-, dem Fenimore-, dem $N_2O$- und dem NNH-Mechanismus, wird Stickstoff aus der Luft in Stickoxide umgewandelt. Im fünften Fall wird NO aus im Brennstoff gebundenem Stickstoff gebildet.

Die Bildung von sogenanntem *thermischen NO* wurde erstmals 1946 von Zeldovich postuliert [4]. Die wichtigsten Elementarreaktionen sind hierbei folgende:

$$O + N_2 \longrightarrow NO + N$$
$$N + O_2 \longrightarrow NO + O$$
$$N + OH \longrightarrow NO + H$$

Da die Spaltung der Dreifachbindung von $N_2$ durch die Reaktion von $N_2$ mit O-Atomen eine hohe Aktivierungsenergie benötigt (etwa 320 kJ $mol^{-1}$) und zudem die Konzentration von O-Atomen in Flammen mit zunehmender Temperatur stark ansteigt, wird thermisches NO erst bei hohen Temperaturen gebildet [3]. Je höher die Verbrennungstemperatur, mit umso mehr Zeldovich-NO ist zu rechnen.

Der zweite mögliche Bildungsweg von Stickoxiden ist die durch Fenimore 1979 postulierte Bildung von sogenanntem *promptem NO* [5], die im Gegensatz zur kinetisch sehr gut verstandenen Bildung von thermischem NO wesentlich komplizierter ist. Die kinetische Datenlage ist noch sehr dünn und unsicher und eine zufriedenstellende Simulation des Fenimore-NO gelingt meist nicht. Dieser Bildungsweg erschien lange Zeit als unwichtig und seine Untersuchung wurde vernachlässigt, er spielt jedoch in brennstoffreichen Verbrennungszonen eine große Rolle. Wieviel Gewicht dem prompten NO generell bei brennstoffarmen Bedingungen unter welchen Voraussetzungen zukommt, ist ein aktuelles Diskussionsthema [6].

Nach heutigem Erkenntnisstand wird die prompte NO-Bildung durch die Reaktion kleiner kohlenwasserstoffhaltiger Spezies wie zum Beispiel C, CH, $CH_2$ oder $C_2O$ mit $N_2$ initiiert. Die Reaktion

$$CH + N_2 \longrightarrow NCN + H$$

wird hierbei als Schlüsselreaktion diskutiert (siehe auch Kapitel 7.1). Auch das HCN-Radikal scheint im Mechanismus, der letztendlich zu NO führt, eine wichtige Rolle zu spielen.

Von geringerer Bedeutung als die beiden genannten Wege sind der *$N_2O$*- und der *NNH-Mechanismus*. Sie sollen hier deshalb nicht erläutert werden. Der Leser sei auf Referenz [3] verwiesen.

Die Entstehung von NO aus *Brennstoff-Stickstoff* spielt zur Zeit vor allem bei der Verbrennung von Kohle eine Rolle. Denn auch in guter, relativ stickstoffarmer Kohle sind etwa 1 % Stickstoff gebunden. Auch feste Brennstoffe aus Biomasse, die zunehmend an Bedeutung gewinnen, enthalten einen ähnlichen Stickstoffgehalt [7]. Besonders problematisch bei der Verbrennung von Biobrennstoffen ist der hohe Anteil an emittiertem $N_2O$ [8, 9].

Die stickstoffhaltigen Verbindungen werden auch bei festen Brennstoffen meist erst in der Gasphase zu NO umgewandelt. Dabei kommt es sehr schnell zur Bildung von Verbindungen wie $NH_3$, HCN oder HNCO, die in der Atmosphäre zu NO oxidiert werden, falls dies nicht schon durch Luftüberschuss bei der Verbrennung geschehen ist. Auch $NH_2$-Radikale treten intermediär auf und können eine wichtige Rolle spielen. Der Mechanismus ist recht kompliziert und noch unsicher, jedoch liegen für die beiden konkurrierenden Schlüsselreaktionen

$$N + OH \longrightarrow NO + H$$
$$N + NO \longrightarrow N_2 + O$$

verlässliche kinetische Daten vor [10].

Viele Schritte der NO-Bildungsmechanismen sind noch ungeklärt und auf molekularer Ebene, also aus kinetischer Sicht, alles andere als zufriedenstellend verstanden. Dasselbe gilt auch für die zur Zeit angewendeten Verfahren zur NO-Reduktion. Um den Ausstoß an Stickoxiden bei Verbrennungsprozessen zu verringern, können sogenannte primäre oder sekundäre Maßnahmen eingesetzt werden [10]. Primär bedeutet, dass die Verbrennung so gesteuert wird, dass nur wenig $NO_x$ entsteht. Bei sekundärer $NO_x$-Minimierung erfolgt eine Abgasnachbehandlung, bei der die Stickoxide zu ungefährlichen Verbindungen umgesetzt werden.

Eine primäre Maßnahme stellt die gestufte Verbrennung dar, bei der durch eine systematische Variation des Brennstoff/Luft-Verhältnisses die Stickoxidemissionen reduziert werden. Meist findet eine dreistufige Verbrennung statt [11]: Zuerst wird unter stöchiometrischen oder leicht mageren Bedingungen verbrannt, wobei (vor allem thermisches) NO entsteht. Danach wird beim sogenannten *Reburning* frischer Brennstoff zugegeben und entstehende kleine Kohlenwasserstoffradikale reagieren mit dem NO, was vor allem zur Bildung von HCN und $N_2$ führt. In einer dritten Stufe, dem sogenannten *Burnout* wird nochmals Luft zugeführt, um Kohlenwasserstoffe und CO zu oxidieren. HCN wird dabei entweder in NO oder $N_2$ umgewandelt.

Zu den sekundären Maßnahmen zählen die selektive homogene Reduktion (SHR, auch mit SNCR für selektive nicht-katalytische Reduktion bezeichnet), zum Beispiel das thermische $DeNO_x$-Verfahren, oder die selektive katalytische Reduktion (SCR). Der thermische $DeNO_x$-Prozess wurde schon in den 70er Jahren entwickelt und patentiert [12]. Man gibt Ammoniak zum heißen Abgas, wo es mit vorhandenen OH-Radikalen zu $NH_2$ reagiert. Die Schlüsselreaktionen zur $NO_x$-Reduktion sind die Reaktionen von NO mit $NH_2$ [11]:

$$NH_2 + NO \longrightarrow N_2 + H_2O$$
$$NH_2 + NO \longrightarrow NNH + OH$$

Ein großer Nachteil der homogenen Variante ist, dass nur im relativ schmalen Temperaturfenster zwischen etwa 1100 und 1400 K gearbeitet werden kann. Besser anwendbar ist die selektive katalytische Reduktion. Schon ein theoretisches Verständnis des homogenen Prozesses ist allerdings äußerst schwierig, da scheinbar eine Vielzahl chemischer Reaktionen wesentlich beteiligt sind. Nur ein Zusammenspiel aus Experimenten, Berechnungen und Modellierungen haben zu einem guten quantitativen Verständnis des thermischen $DeNO_x$-Prozesses geführt [11].

Generell ist man jedoch wie schon erwähnt weit von einem vollständigen Verständnis der Stickoxidbildung und -reduktion entfernt. Es treten immer wieder neue konkrete Fragestellungen auf, die es zu lösen gilt. Kinetische Untersuchungen einzelner Reaktionen, wie sie auch in der vorliegenden Arbeit durchgeführt wurden, können dabei maßgeblich weiterhelfen. Die erhaltenen elementarkinetischen Informationen können in Verbrennungsmechanismen eingespeist werden. Simulationen bestimmter messbarer Größen (wie des zeitlichen Verlaufs der Konzentration eines bestimmten Teilchens oder der Menge an gebildetem Schadstoff) mit Hilfe dieser Mechanismen können dann mit experimentellen Daten verglichen werden, die an laminar vorgemischten Flammen, Strömungsreaktoren, schnellen Kompressionsmaschinen usw. aufgenommen werden.

Auf experimenteller Seite ist zur Untersuchung der Elementarkinetik von Gasphasenreaktionen bei verbrennungsrelevanten Temperaturen das auch in der vorliegenden Arbeit eingesetzte Stoßrohr das Mittel der Wahl. Zur Verfolgung der Reaktionen werden dabei meist spektroskopische Verfahren eingesetzt. Eine Kombination aus experimentellen Befunden und theoretischen Überlegungen führt dabei zu den verlässlichsten Ergebnissen und dem besten Verständnis der auf molekularer Ebene ablaufenden Vorgänge.

# 3 Theoretische Grundlagen

## 3.1 Stoßwellen

Zur kinetischen Untersuchung von Gasphasenreaktionen bei verbrennungsrelevanten Temperaturen ist das Stoßrohr zur Zeit das Mittel der Wahl, da es ein extrem schnelles Aufheizen auf sehr hohe Temperaturen ermöglicht. In Stoßrohren können Temperaturen bis zu 15 000 K erreicht werden. Der Druck kann dabei von etwa 0.1 bar bis 1000 bar variiert werden. Die Aufheizung des Testgases findet sprunghaft und in einer Zeit von nur wenigen Teilchenzusammenstößen statt (Größenordnung der Aufheizzeit ausgehend von Normalbedingungen: etwa $10^{-10}$ s). Die durch die Stoßwelle erzeugten Reaktionsbedingungen sind relativ exakt berechenbar (siehe Kapitel 3.1.2) und bei richtigem Stoßrohrdesign über einen Zeitraum von einigen Millisekunden konstant. Die Stoßwellentechnik ist eine sehr effektive und zuverlässige Methode.

### 3.1.1 Entstehung einer Stoßwelle im Stoßrohr

Eine Stoßwellenapparatur besteht im Wesentlichen aus einem langen Rohr, das durch eine Membran (zum Beispiel eine Aluminiumfolie) in einen Hoch- und einen Niederdruckteil getrennt ist[1]. Beide Teile werden, da auch geringe Verunreinigungen die kinetischen Messungen stören können, vor dem Experiment auf sehr niedrige Drücke evakuiert. In den Niederdruckteil füllt man das zu untersuchende Gasgemisch. Dann wird in den Hochdruckteil so viel sogenanntes Treibgas (in der vorliegenden Arbeit immer Wasserstoff) geleitet, bis die Membran der durch die Druckdifferenz in den beiden Stoßrohrteilen verursachten Kraft nicht mehr standhält und reißt. Daraufhin laufen Kompressionswellen mit Schallgeschwindigkeit in den Niederdruckteil und erhitzen das Analysengas. Die Entstehung dieser Verdichtungswellen und der Stoßfront lässt sich gut nachvollziehen, indem man sich das Treibgas als einen Kolben vorstellt, der in das Analysengas beschleunigt wird.

---

[1]Der Aufbau des für die vorliegende Arbeit verwendeten Stoßrohres ist schematisch in Abbildung 4.1 in Kapitel 4.1 gezeigt.

Die Schallgeschwindigkeit $a$ steigt proportional mit der Wurzel der Temperatur $T$ an:

$$a = \sqrt{\frac{\kappa R T}{M}} \quad \text{mit} \quad \kappa = \frac{c_p}{c_v} \tag{3.1}$$

Dabei ist $\kappa$ der Adiabatenkoeffizient, der aus dem Verhältnis der Wärmekapazitäten bei konstantem Druck $c_p$ und konstantem Volumen $c_v$ gebildet wird. $R$ ist die Gaskonstante und $M$ die mittlere molare Masse des Gases.

Später auftretende Wellen laufen in schon erhitztes Gas, sie sind deshalb schneller als die vorangegangenen und holen diese ein. So kann sich nach einer Strecke von etwa 10 Rohrdurchmessern eine Stoßfront bilden, die eine Dicke von nur wenigen freien Weglängen besitzt [13]. An der Stoßfront kommt es zu einem plötzlichen Anstieg von Temperatur $T$, Druck $p$ und Dichte $\rho$ des Testgases.

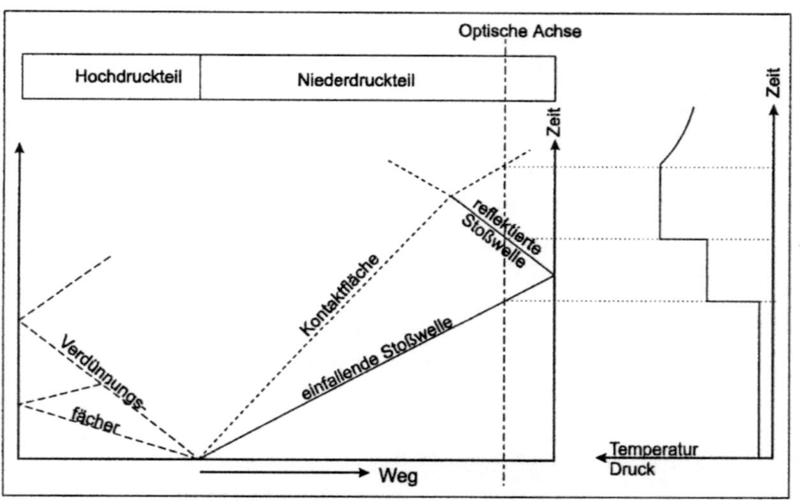


Abbildung 3.1: Zeit-Weg-Diagramm bei der idealisierten Ausbildung einer Stoßwelle, rechts: Druck- und Temperaturverlauf in der optischen Achse. Nach Referenz [14].

Abbildung 3.1 veranschaulicht die auf das Bersten der Membran folgenden Prozesse. Die Stoßfront bewegt sich mit einer Geschwindigkeit, die größer ist als die Schallgeschwindigkeit im kalten, aber kleiner als die Schallgeschwindigkeit im erhitzten Gas, durch den Niederdruckteil in Richtung Endplatte. Die Kontaktfläche zwischen Treibgas und Analysengas läuft langsamer der Stoßfront hinterher. Erreicht die Stoßwelle das Rohrende, so wird sie reflektiert und läuft wieder zurück bis sie auf die Kontaktfläche trifft.

An einem festen Beobachtungspunkt in der Nähe des Rohrendes ändern sich Druck, Temperatur und Dichte mit der Zeit wie schematisch in Abbildung 3.1 rechts gezeigt. Es kommt sowohl nach dem Durchlaufen der einfallenden als auch der reflektierten Stoßwelle durch diese Achse zu einem Sprung in den Zustandsgrößen. In allen Experimenten der vorliegenden Arbeit wurde hinter der reflektierten Stoßwelle gemessen. Das hat zwei wesentliche Vorteile im Vergleich zur Messung hinter der einfallenden Stoßwelle. Zum einen erhält man hier bei gleichen Ausgangsbedingungen und gleicher Stoßwellengeschwindigkeit höhere Temperaturen als nach der Einfallenden und zum anderen befindet sich das Testgas nach Durchlaufen der Reflektierten in Ruhe, wohingegen es nach der Einfallenden einen Impuls in Richtung Endplatte besitzt.

Der Zeitpunkt, zu dem die reflektierte Stoßwelle die Beobachtungsachse durchläuft, ist der Nullzeitpunkt der Experimente. Zeitlich begrenzt werden die Messungen dadurch, dass die Stoßwelle an der Kontaktfläche zwischen Treib- und Analysengas reflektiert wird und wieder zurückläuft. An der Kontaktfläche findet auch eine sprunghafte Änderung von Dichte und Temperatur statt, Druck und Strömungsgeschwindigkeit bleiben aber konstant.

Nach dem Bersten der Membran entstehen nicht nur die beschriebenen Verdichtungswellen, sondern es laufen auch Verdünnungswellen in den Hochdruckteil hinein, die zu einer Abkühlung führen. Sie können sich allerdings nicht gegenseitig einholen (siehe Gleichung 3.1) und breiten sich daher wie in Abbildung 3.1 gezeigt fächerförmig aus. Die Entstehung einer Verdünnungsfront würde eine Entropieabnahme bewirken ($\Delta S < 0$) und somit den zweiten Hauptsatz der Thermodynamik verletzen. Für Stoßwellen ist $\Delta S$ hingegen größer Null, was gleichzeitig bedeutet, dass die Entstehung der Stoßfront ein irreversibler Vorgang ist.

Ein Nachteil der Stoßwellentechnik ist die relativ kurze maximale Beobachtungsdauer (meist nur einige Millisekunden). Ein weiterer entsteht durch die Tatsache, dass ein komplettes Experiment mit Befüllen, Aufnehmen einer Kinetik und erneutem Evakuieren des Stoßrohres relativ lange dauert (bis zu einer Stunde) und dass mehrere Versuche mit exakt gleichen Bedingungen bei sich spontan öffnenden Membranen nicht zu realisieren sind. Es gibt mittlerweile auch Stoßrohre, mit denen sich erwünschte Anfangsbedingungen wesentlich besser reproduzieren lassen, zum Beispiel ein Stoßrohr ohne Membran (diaphragmless shock tube, DFST [15, 16]); das in der vorliegenden Arbeit verwendete arbeitet allerdings konventionell mit Aluminiummmembranen. Daher sind Mittelungen über mehrere Signale nicht möglich. Bei Stoßwellenexperimenten verwendete Detektionstechniken müssen sich deshalb sowohl durch eine hohe Zeitauflösung als auch durch eine hohe Sensitivität auszeichnen (siehe Kapitel 3.2.1 und 3.2.2).

## 3.1.2 Berechnung der Zustandsgrößen hinter Stoßwellen

Praktisch ist es recht aufwendig, die Zustandsdaten nach der einfallenden oder der reflektierten Stoßwelle, also insbesondere Temperatur und Druck, direkt zu messen (wie zum Beispiel in Ref. [17] beschrieben). Bestimmt man allerdings während des Experiments die Geschwindigkeit der einfallenden Stoßwelle, so können hieraus und aus den Ausgangsbedingungen die Zustandsdaten relativ einfach berechnet werden. Die Basis der Berechnungen bilden die Erhaltungsgleichungen für Masse, Impuls und Energie und sowohl die thermische als auch die kalorische Zustandsgleichung idealer Gase. Ausführliche Beschreibungen der mathematischen Behandlung von Stoßwellen finden sich zum Beispiel in den Referenzen [13], [18], [19] und [20].

Die Berechnung der Zustandsdaten stellt ein eindimensionales hydrodynamisches Problem dar, zu dessen Lösung allerdings einige vereinfachende Annahmen getroffen werden. Es wird angenommen, dass sich alle Gase im Stoßrohr ideal verhalten. Nur die Temperaturabhängigkeit der Wärmekapazität der Gase kann in die Berechnungen eingebunden werden. Weiterhin nimmt man an, dass das Bersten der Membran plötzlich und ohne Wechselwirkung mit dem Gas erfolgt. Impuls- und Energieübertragung von der Stoßwelle auf die Wand des Stoßrohres werden ebenfalls vernachlässigt.

Die in Abbildungen und Formeln verwendete Indizierung richtet sich nach der in der Literatur üblichen Nomenklatur:

1: Ausgangszustand im Niederdruckteil (vor Eintreffen der Stoßfront),
2: Zustände hinter der einfallenden Stoßwelle,
4: Ausgangszustand im Hochdruckteil,
5: Zustände hinter der reflektierten Stoßwelle.


Da sich die einfallende Stoßwelle mit annähernd konstanter Geschwindigkeit durch das Stoßrohr bewegt, kann man für die weiteren Überlegungen ein mit Stoßwellengeschwindigkeit bewegtes Bezugssystem wählen, dessen Ursprung in der Stoßfront liegt (Methode von Lagrange). In diesem System ist die Strömungsgeschwindigkeit des Gases vor der Stoßfront ($u_1$) größer als dahinter ($u_2$). Denn durch die Stoßwelle erhält das Messgas einen Impuls, der zu einer Strömung in Richtung Niederdruckteil führt. Der Zustand auf jeder Seite der Stoßfront ist durch die Größen Druck $p$, Temperatur $T$, Dichte $\rho$, Energie $E$ und Strömungsgeschwindigkeit $u$ bestimmt.

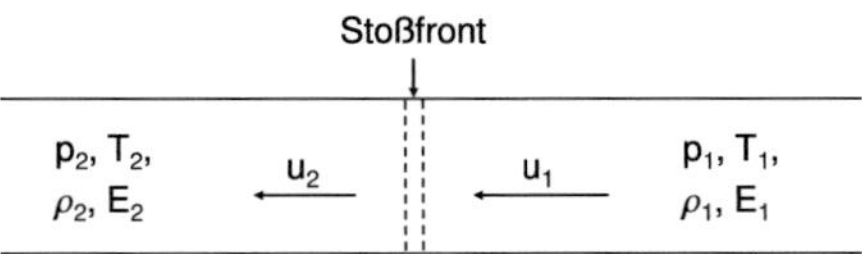


Abbildung 3.2: Strömung in einer Stoßwelle in einem mit der Stoßfront mitbewegten Bezugssystem

Man kann bei der Herleitung der Beziehungen zwischen den Zustandsgrößen von den Navier-Stokes-Gleichungen für stationäre Strömungen ausgehen. Sie enthalten im Gegensatz zu den auch für instationäre Strömungen geltenden Erhaltungsgleichungen aus der Strömungsmechanik keine partiellen Ableitungen nach der Zeit. Beschränkt man sich bei der Betrachtung außerdem auf Gebiete beiderseits der Stoßfront, die sich im Gleichgewicht befinden, so fallen aus den Navier-Stokes-Gleichungen auch die Gradienten von Geschwindigkeit und Temperatur nach dem Ort weg und mit ihnen die Viskosität und die Wärmeleitfähigkeit der Gase. Es gelten vereinfachte Erhaltungsgleichungen für Masse, Impuls und Energie, die Rankine-Hugoniot-Gleichungen [21, 22, 23]:

$$\phi_m = \rho_1 u_1 = \rho_2 u_2 \tag{3.2}$$

$$\phi_i = \rho_1 u_1^2 + p_1 = \rho_2 u_2^2 + p_2 \tag{3.3}$$

$$\phi_e = \frac{1}{2} u_1^2 + H_1 = \frac{1}{2} u_2^2 + H_2 \tag{3.4}$$

$$\text{mit} \quad H_i = E_i + \frac{p_i}{\rho_i} \tag{3.5}$$

Dabei stehen $\phi_m$, $\phi_i$ und $\phi_e$ für den Massen-, Impuls- und Energiefluss, $u$ für die Strömungsgeschwindigkeit des Gases relativ zur Stoßfront, $H$ und $E$ für die Enthalpie bzw. Energie pro Masseneinheit.

Gleichung 3.2 besagt, dass im stationären Zustand genau so viel Masse pro Zeiteinheit die Stoßfront verlässt wie in sie eintritt. Sie wird als Kontinuitätsgleichung bezeichnet. Gleichung 3.3 drückt aus, dass die Impulsänderung pro Zeit- und Masseneinheit durch eine Druckdifferenz zu beiden Seiten der Stoßfront hervorgerufen wird. Die letzte der drei Gleichungen, Gleichung 3.4, zeigt, dass die Zunahme der Enthalpie des Gases durch den Verlust an kinetischer Energie kompensiert wird.

Die Rankine-Hugoniot-Gleichungen bilden ein System aus drei Gleichungen mit acht Unbekannten ($u_{1/2}$, $\rho_{1/2}$, $H_{1/2}$ und $p_{1/2}$). Zwei weitere Gleichungen, die zur Lösung dieses Problems hinzugezogen werden können, sind die thermische (Gleichung 3.6) und die kalorische (Gleichung 3.7) Zustandsgleichung für ein ideales Gas mit konstanter spezifischer Wärmekapazität:

$$p_i = \rho_i \cdot R' \cdot T_i \tag{3.6}$$

$$H_2 - H_1 = c_p(T_2 - T_1). \tag{3.7}$$

Die Gaskonstante pro Masseneinheit ist hier mit $R'$ bezeichnet. Temperatur und Druck vor Eintreffen der Stoßfront, also $T_1$ und $p_1$, sind leicht experimentell bestimmbar. Kann nun noch eine weitere Variable bestimmt werden, wird das Gleichungssystem lösbar. Von den verbleibenden unbekannten Größen ist die Geschwindigkeit der Stoßwelle $u_1$ experimentell am einfachsten zugänglich, sie kann mit Hilfe schneller Drucksensoren gemessen werden.

Zur weiteren Vereinfachung wird neben dem Adiabatenkoeffizienten $\kappa$ (siehe Gleichung 3.1) die Machzahl als dimensionslose Größe eingeführt. Die Machzahl $M_1$ ist definiert als der Quotient aus Stoßwellengeschwindigkeit $u_1$ und Schallgeschwindigkeit im noch nicht erhitzten Gas vor der Stoßfront $a_1$:

$$M_1 = \frac{u_1}{a_1} \tag{3.8}$$

Damit ergeben sich zur Berechnung der Zustandsdaten nach der einfallenden Stoßwelle die drei folgenden Gleichungen:

$$p_2 = p_1 \cdot \frac{2\,\kappa\,M_1^2 - (\kappa - 1)}{\kappa + 1} \tag{3.9}$$

$$\rho_2 = \rho_1 \cdot \frac{(\kappa + 1)\,M_1^2}{(\kappa - 1)\,M_1^2 + 2} \tag{3.10}$$

$$T_2 = T_1 \cdot \left[\frac{2\,\kappa\,M_1^2 - (\kappa - 1)}{\kappa + 1}\right] \cdot \left[\frac{(\kappa - 1)M_1^2 + 2}{(\kappa + 1)\,M_1^2}\right] \tag{3.11}$$

Wenn die Stoßfront am Ende des Stoßrohres reflektiert wird, so kommt es zu einer Kompensation des durch die einfallende Stoßwelle auf das Gas übertragenen Impulses. Das Gas befindet sich nach der reflektierten Stoßwelle in Ruhe. Es verliert seine kinetische Energie und es kommt zu einem zweiten Sprung in den Zustandsgrößen. Zur Berechnung von Druck, Temperatur und Dichte hinter der reflektierten Stoßwelle benötigt man keine weiteren Informationen. Die Gleichungen zur Bestimmung der Zustandsdaten nach der einfallenden Stoßwelle und die Randbedingung am geschlossenen Ende reichen zur eindeutigen Berechnung aus. Es ergeben sich folgende Zusammenhänge:

$$p_5 = p_1 \left[ \frac{\left(\frac{3\kappa-1}{\kappa-1}\right) M_1^2 - 2}{M_1^2 + \frac{2}{\kappa-1}} \right] \left[ \frac{\left(\frac{2\kappa}{\kappa-1}\right) M_1^2 - 1}{\left(\frac{\kappa+1}{\kappa-1}\right)} \right] \tag{3.12}$$

$$\rho_5 = \rho_1 \left[ \frac{M_1^2 \left(\frac{\kappa+1}{\kappa-1}\right)}{M_1^2 + \frac{2}{\kappa-1}} \right] \left[ \frac{\left(\frac{2\kappa}{\kappa-1}\right) M_1^2 - 1}{2M_1^2 + \frac{3-\kappa}{\kappa-1}} \right] \tag{3.13}$$

$$T_5 = T_1 \left[ \frac{\left[\left(\frac{3\kappa-1}{\kappa-1}\right) M_1^2 - 2\right] \left[2M_1^2 + \frac{3-\kappa}{\kappa-1}\right]}{\left(\frac{\kappa+1}{\kappa-1}\right)^2 M_1^2} \right] \tag{3.14}$$

Auch der Nullzeitpunkt der Experimente lässt sich berechnen. Die Aufnahme der Signale kann durch das Vorbeilaufen der einfallenden Stoßwelle am letzten Drucksensor gestartet werden. Mit der Geschwindigkeit der Stoßfront $u_1$ und dem Abstand $l_1$ zwischen dem letzten Drucksensor und dem Beobachtungsfenster ergibt sich für die Zeit $t_{einf}$, die die einfallende Stoßwelle vom Erreichen des Drucksensors bis zum Beobachtungsfenster benötigt:

$$t_{einf} = \frac{l_1}{u_1} \tag{3.15}$$

Die Geschwindigkeit der reflektierten Stoßwelle lässt sich wie folgt berechnen:

$$u_5 = a_1 \frac{2M_1^2 + \frac{3-\kappa}{\kappa-1}}{M_1^2 \frac{\kappa+1}{\kappa-1}} \tag{3.16}$$

Für die Zeit $t_{refl}$ bis zum Eintreffen der reflektierten Stoßwelle gilt dann mit dem Abstand $l_2$ zwischen Beobachtungsfenster und Stoßrohrende:

$$t_{refl} = \frac{l_1}{u_1} + \frac{l_2}{u_1} + \frac{l_2}{u_5} \tag{3.17}$$

Die so berechneten Zeiten, bei denen die Dämpfung der Stoßwelle an der Stoßrohrwand vernachlässigt wurde, stimmen sehr gut mit den in der vorliegenden Arbeit beobachteten Signalsprüngen, also Startzeitpunkten der Reaktionen, überein.

Es sei angemerkt, dass die Stoßwellen umso stärker sind (also $M_1$ und damit $T_5$ umso höher), je größer das Verhältnis der Schallgeschwindigkeiten in Hoch- und Niederdruckteil vor dem Zerreißen der Membran, $a_4/a_1$, ist. Da mit steigendem Molekulargewicht der Gase die Schallgeschwindigkeit sinkt (siehe Gleichung 3.1), führt ein Gas mit großem Molekulargewicht im Niederdruck- und eines mit kleinem Molekulargewicht im Hochdruckteil zu den größten Sprüngen in den Zustandsgrößen. Zur Erzeugung starker Stoßwellen ist deshalb Wasserstoff ideal als Treibgas und Argon beispielsweise besser als Badgas geeignet als Helium, Neon oder auch Stickstoff.

Die Wärmekapazitäten und damit auch $\kappa$ sind für einatomige Gase, also auch für das als Badgas verwendete Argon, temperaturunabhängig[2]. Sind mehratomige Gase im Messgas enthalten, so können je nach Gasart und Konzentration die spezifischen Wärmen oft nicht mehr als temperaturunabhängig angenommen werden. Dann sollte eine sogenannte Realgaskorrektur durchgeführt werden.

Die Temperaturabhängigkeit der Wärmekapazitäten wurde im Rahmen der vorliegenden Arbeit auf zwei verschiedene Arten in die Berechnung der Zustandsgrößen eingebunden. Sie kann entweder mit Hilfe der statistischen Thermodynamik aus den Schwingungsfrequenzen berechnet oder als Polynom aus Thermodatenbanken entnommen werden.

Die statistische Thermodynamik liefert einen Zusammenhang zwischen molekularer Zustandssumme $Q$ und der Wärmekapazität bei konstantem Volumen $c_v$ [24]:

$$c_v = \left(\frac{\partial U}{\partial T}\right)_{N,V} = \frac{\partial}{\partial T}\left(k_B T^2 \left(\frac{\partial lnQ}{\partial T}\right)_{N,V}\right) \tag{3.18}$$

Innere Energie, Volumen und Teilchenzahl sind hier mit $U$, $V$ und $N$ bezeichnet, $k_B$ ist die Boltzmannkonstante. Die molekulare Zustandssumme $Q$ enthält Beiträge von Translations-, Rotations-, Schwingungs- und elektronischen Freiheitsgraden, die bei Annahme ungekoppelter Bewegungen multiplikativ miteinander verknüpft werden können:

$$Q = Q_{trans} \cdot Q_{rot} \cdot Q_{vib} \cdot Q_{el} \tag{3.19}$$

Die Wärmekapazität $c_v$ kann dann additiv aus den Beiträgen der einzelnen Freiheitsgrade berechnet werden:

$$c_v = c_{v,trans} + c_{v,rot} + c_{v,vib} + c_{v,el} \tag{3.20}$$

Bei den in Stoßwellenexperimenten vorliegenden hohen Temperaturen kann man von

---

[2]Für einatomige ideale Gase gilt: $c_v = 3/2$ R, $c_p = c_v + $ R $= 5/2$ R und $\kappa = 5/3$.

einer vollständigen Anregung von Translations- und Rotationsfreiheitsgraden ausgehen.
Das heißt, dass ihre Beiträge zur Wärmekapazität konstant sind, nämlich:

$$c_{v,trans} = \frac{3}{2}R \tag{3.21}$$

$$\text{lineare Moleküle:} \quad c_{v,rot} = R \tag{3.22}$$

$$\text{nichtlineare Moleküle:} \quad c_{v,rot} = \frac{3}{2}R \tag{3.23}$$

Elektronisch angeregte Zustände liegen energetisch so hoch, dass sie in den in der vorliegenden Arbeit durchgeführten Experimenten meist nicht besetzt sind. Es gibt also keinen
Beitrag elektronischer Freiheitsgrade zu $c_v$.

Die Temperaturabhängigkeit der Wärmekapazität wird somit alleine durch die Temperaturabhängigkeit der Besetzung der Schwingungszustände hervorgerufen. Bei $n_{vib}$
Schwingungsfreiheitsgraden mit den harmonischen Schwingungsfrequenzen $\nu_j$ ergibt sich
der Beitrag der Schwingungen zu $c_v$ durch:

$$c_{v,vib}(T) = R \sum_{j=1}^{n_{vib}} \left( \frac{h\nu_j}{k_B T} \right)^2 \cdot \frac{e^{-\frac{h\nu_j}{k_B T}}}{\left( 1 - e^{-\frac{h\nu_j}{k_B T}} \right)^2} \tag{3.24}$$

Die Anzahl der Schwingungsfreiheitsgrade $n_{vib}$ beträgt für lineare Moleküle mit $n$ Atomen $3n-5$ und für nichtlineare Moleküle mit $n$ Atomen $3n-6$, $h$ ist das Plancksche Wirkungsquantum. Die Wärmekapazität setzt sich dann also aus einem konstanten Beitrag
für Translation und Rotation und einem temperaturabhängigen Beitrag für die Schwingung zusammen. Kennt man die Schwingungsfrequenzen der Moleküle, so ist auch $c_v$ in
Abhängigkeit von der Temperatur berechenbar.

Enthielten etablierte Datenbanken (zum Beispiel [25] oder [26]) Einträge für die verwendeten Substanzen, so wurden diese zur Berechnung der Wärmekapazität bevorzugt.
Meistens sind in diesen Datenbanken Koeffizienten gegeben (hier $a_0$ bis $a_4$), mit denen
man $c_v$ über Polynome wie das folgende berechnen kann:

$$c_v(T) = a_4 \cdot \left( \frac{T}{K} \right)^4 + a_3 \cdot \left( \frac{T}{K} \right)^3 + a_2 \cdot \left( \frac{T}{K} \right)^2 + a_1 \cdot \left( \frac{T}{K} \right) + a_0 \tag{3.25}$$

Die temperaturabhängigen Ausdrücke für die Wärmekapazität basieren in diesen Datenbanken entweder auf experimentell bestimmten oder quantenchemisch berechneten
Werten.

Bei Gasmischungen mit $k$ Komponenten addieren sich die Beiträge der Einzelkomponenten zur spezifischen Wärme unter Berücksichtigung des jeweiligen Molenbruchs $x_i$:

$$c_{v,ges}(T) = \sum_i^k x_i c_{v,i}(T) \qquad (3.26)$$

Zur Berechnung der Zustandsdaten nach einfallender und reflektierter Stoßwelle mit Realgaskorrektur wird ein Iterationsverfahren verwendet. Zuerst werden Temperatur, Druck und Dichte für ein ideales einatomiges Gas berechnet. Dann berechnet man mit der Wärmekapazität der Mischung bei dieser Temparatur erneut die Zustandsdaten und so weiter. Das Iterationsverfahren wird abgebrochen, wenn die Temperatur um weniger als 1 K von der im vorherigen Iterationsschritt berechneten abweicht.

Die Zustandsgröße, auf die die experimentell gemessenen Signale, das heißt auch die ermittelten Geschwindigkeitskonstanten meist am sensibelsten reagieren, ist die Temperatur. Die Grundlage für die Berechnung von $T_5$ (oder $T_2$) bildet die Bestimmug der Machzahl $M_1$. Um zu einem möglichst genauen Ergebnis für $M_1$ zu gelangen, werden zur Messung der Geschwindigkeit der einfallenden Stoßwelle üblicherweise mehrere Sensoren eingesetzt. Für die Exprimente der vorliegenden Arbeit wurden je drei Messzeiten (mit 4 Drucksensoren, siehe Kapitel 4.1) aufgenommen. Die Temperatur hinter der reflektierten Stoßwelle $T_5$ ist dann mit einer Unsicherheit von etwa 10 K belegt.

## 3.2 Nachweistechniken

Zur Ermittlung von Geschwindigkeitskonstanten aus Stoßwellenexperimenten muss der Reaktionsfortschritt verfolgt werden. Hierfür bieten sich vor allem spektroskopische Methoden an. Wird zum Beispiel ein Reaktand einer Reaktion erster oder pseudo-erster Ordnung nachgewiesen, so kann bei direkter Proportionalität zwischen Intensität und Konzentration aus den gemessenen Intensitäts-Zeit-Profilen direkt die Geschwindigkeitskonstante bestimmmt werden. Oft muss es jedoch die Detektionsmethode erlauben, die gemessenen Intensitäten in Konzentrationen umzurechnen.

Für die angestrebte Bestimmung von Geschwindigkeitskonstanten für Elementarreaktionen ist es meist von großem Vorteil, mit möglichst niedrigen Konzentrationen der Reaktanden arbeiten zu können. Gerade in Hochtemperaturexperimenten, bei denen Reaktionen hoch reaktiver Spezies (Atome oder Radikale) untersucht werden sollen, stellen bimolekulare Folgereaktionen oft ein Problem dar. Sie können dazu führen, dass die Interpretation der gemessenen Konzentrations-Zeit-Profile nur mit Hilfe teils sehr komplexer

Reaktionsmechanismen erfolgen kann. Die Ermittlung einer Geschwindigkeitskonstante für einen einzelnen Reaktionsschritt ist dadurch erschwert und wird durch Unsicherheiten in den Nebenreaktionen fehlerbehaftet. Liegen die interessierenden Spezies in sehr niedrigen Konzentrationen vor, so können bimolekulare Folgeprozesse unterdrückt und elementarkinetische Daten einfacher und präziser ermittelt werden. Ein weiterer Vorteil geringer Konzentrationen ist, dass der Einfluss endothermer oder exothermer Reaktionen auf das Gasgemisch vernachlässigt werden kann.

Die Detektionstechniken sollten also möglichst hohe Sensitivitäten aufweisen und, um die Detektion einzelner Spezies zu ermöglichen, auch hohe Selektivitäten. Einige spektroskopische Methoden können nicht oder nur schlecht in Verbindung mit Stoßrohren genutzt werden. Da immer nur Einzelschussexperimente möglich sind, ist zum Beispiel laserinduzierte Fluoreszenz, die oft in quasistatischen Reaktoren verwendet wird, schwierig und wird erst seit kurzem überhaupt in Verbindung mit Stoßrohren eingesetzt [27]. Cavity-Ring-Down-Spektroskopie ist nicht möglich, da es durch die Änderung der Dichte des durchstrahlten Gases und die mechanische Belastung der Stoßrohrfenster während des Experimentes zur Störung des Strahlenganges kommt. Da die Reaktionsgeschwindigkeiten wegen der hohen Temperaturen (und Drücke) im Stoßrohr meist sehr groß sind, muss zudem eine Zeitauflösung im $\mu s$-Bereich realisiert werden. Sowohl die Atomresonanzabsorptionsspektroskopie (ARAS) als auch die Frequenzmodulationsspektroskopie (FMS) haben sich als sehr geeignet für die quantitative Detektion einzelner reaktiver Spezies in Stoßwellenexperimenten erwiesen und werden in den folgenden Passagen genauer erklärt (Kapitel 3.2.1 und 3.2.2). Sie zählen beide zu den Absorptionsmethoden.

## 3.2.1 Atomresonanzabsorptionsspektroskopie (ARAS)

Die Atomresonanzabsorptionsspektroskopie (ARAS) wurde schon Ende der 60er Jahre zum Nachweis von atomaren Spezies in Stoßwellenexperimenten eingesetzt. Die ersten mit H-ARAS gemessenen kinetischen Daten (zum $H_2$-Zerfall), wurden 1965 und 1968 von Myerson, Thompson und Joseph [28] und von Myerson und Watt [29] veröffentlicht. In den folgenden Jahren wurde die Technik weiter verbessert und es konnten neben H-Atomen auch andere Spezies nachgewiesen werden (C, O, S, Cl, Br, I, Si, Se). Die niedrigste detektierbare Absorbanz bezogen auf die Länge des Absorptionsweges liegt bei etwa $10^{-3}$ cm$^{-1}$ für ARAS-Messungen [3]. Da H-Atome die größten Absorptionsquer-

---

[3]Eine geeignete Größe zum Vergleich der Empfindlichkeit verschiedener Absorptionsmethoden ist die minimal detektierbare Absorbanz $A_{min}$ bzw. die minimal detektierbare Absorbanz pro Längeneinheit $\alpha_{min}$ (Einheit cm$^{-1}$), bei der das Signal noch doppelt so groß wie das Rauschen ist.

schnitte haben (ca. $10^5$ atm$^{-1}$ cm$^{-1}$ bei 1000 bis 3000 K), sind die minimal detektierbaren Konzentrationen kleiner als bei den anderen Atomen. Die quantitative Detektion von C-Atomen im Stoßrohr wurde Ende der 80er Jahre zum ersten Mal beschrieben. 1989 veröffentlichten sowohl Mozzhukin, Burmeister und Roth [30] als auch Dean, Davidson und Hanson [31] ihre mit C-ARAS am Stoßrohr erzielten Ergebnisse. Derzeit ist die Atomresonanzabsorptionsspektroskopie die Detektionstechnik der Wahl für den quantitativen Nachweis von Atomen im Stoßrohr.

ARAS ist eine resonante Absorptionsmethode. Ein ARAS/Stoßrohr-Aufbau besteht im Wesentlichen aus einer Lampe, von der UV-Licht emittiert wird, dem Stoßrohr, in dem die zu untersuchenden Atome gebildet (und verbraucht) werden und einem Detektionssystem zur Verfolgung der Intensitäts-Zeit-Profile. Die selbe Spezies, die nachgewiesen werden soll, erzeugt auch das Licht in der Lampe, das heißt, es hat genau die richtige Wellenlänge um im Stoßrohr absorbiert zu werden. Da der Absorptionsquerschnitt von Atomen in der Mitte ihrer Absorptionsbanden sehr hoch ist, auch im Vergleich zum Absorptionsquerschnitt anderer Spezies, wird so eine sehr hohe Empfindlichkeit und Selektivität erzielt.

In der ARAS-Lampe werden meist zweiatomige Moleküle wie $H_2$, $N_2$ oder auch $O_2$ in Konzentrationen von etwa 1 % in Helium mit Mikrowellenstrahlung zur Dissoziation gebracht, wobei ein angeregtes Atom und ein im elektronischen Grundzustand befindliches entsteht. Beim Übergang des angeregten Atoms in den Grundzustand emittiert es Licht, das von den Atomen im Stoßrohr, aber auch von den nicht elektronisch angeregten Atomen in der Lampe absorbiert werden kann. Da die energetische Verteilung der emittierenden Atome in der Lampe breiter ist als die der absorbierenden, führt die Selbstabsorption in der Lampe dazu, dass das Emissionsprofil in der Linienmitte stärker abgeschwächt wird als an den Flanken. Sind so große Konzentrationen absorbierender Atome vorhanden, dass die Intensität in Linienmitte schwächer wird als an den Seiten, so spricht man von *self-reversal*.

Um die Selbstabsorption in der Lampe möglichst gering zu halten, ist es sinnvoll, den Mikrowellenresonator möglichst nah am Stoßrohr zu platzieren und die Konzentration der Lampenmischung gering zu halten. Eine Mindestkonzentration ist allerdings erforderlich, um genügend Lichtintensität zu erhalten, denn bei niedriger werdenden Intensitäten wird auch das Signal-zu-Rausch-Verhältnis schlechter. Durch die Selbstabsorption und durch den Umstand, dass das Absorptionsprofil der Atome im Stoßrohr meist schmaler ist als das doppler- (und druck-) verbreiterte Emissionsprofil, weichen die in den Experimenten gemessenen Absorbanzen vom Lambert-Beer-Gesetzt ab. Das Absorptionsverhalten wurde nur in wenigen Fällen für bestimmte Geometrien und Bedingungen theoretisch beschrieben (für H- ,D- ,O- und N-ARAS [32, 33, 34, 35]).

Um dennoch die im Stoßwellenexperiment gemessenen Absorbanzen in Konzentrationen umrechnen zu können, ist man daher meist auf Kalibrierexperimente angewiesen. Im Stoßrohr werden bekannte Radikalkonzentrationen erzeugt und die gemessenen Absorbanz-Zeit-Profile mit modellierten Konzentrations-Zeit-Profilen verglichen. So erhaltene Kalibrierkurven (Konzentrations-Absorbanz-Verläufe) gelten dann allerdings nur für die beim Kalibrierexperiment vorliegenden Bedingungen sowohl auf der Emitter- als auch auf der Absorberseite und gleichbleibende Auflösung des Monochromators. Die Notwendigkeit einer Kalibrierung ist der größte Nachteil der Atomresonanzabsorptionsspektroskopie.

Für die C-ARAS-Messungen wurde in der Lampe eine etwa 1%ige CO-Helium-Mischung verwendet. Ein Lampenspektrum mit Zuordnung der Banden ist in Referenz [36] zu finden. Die drei stärksten Emissionsbanden bei 132,9 nm, 156,1 nm und 165,7 nm stammen von Übergängen in den C-Atomen. Durch die Mikrowellenentladung werden unter anderem C-Atome im angeregten $^3$D-Zustand ($2s2p^3$) erzeugt. Beim Übergang in den $^3$P-Grundzustand emittieren diese Strahlung mit einer Wellenlänge von 156,1 nm, die zur Detektion der C-Atome im Stoßrohr verwendet wird. Beim Einsatz von CO oder auch $CO_2$ in der Lampenmischung tritt zu den oben beschriebenen Problemen durch Selbstabsorption und Linienverbreiterung noch ein weiterer Grund hinzu, der eine Kalibrierung unumgänglich macht. Es treten im Lampenspektrum auch Emissionsbanden angeregter CO-Moleküle auf. Die (1,1)-Schwingungsbande des elektronischen Übergangs $A^1\Pi \rightarrow X^1\Sigma^+$ liegt so nah bei der Nachweiswellenlänge von 156,1 nm, dass ein Teil dieser Strahlung nicht durch den Monochromator abgetrennt, also auch detektiert wird, aber nicht von den im Stoßrohr erzeugten C-Atomen absorbiert werden kann. Diesen Strahlungsanteil nennt man nichtresonante Emission, er liegt bei CO-Lampen und dieser Wellenlänge je nach Bedingungen und Monochromatoreinstellung typischerweise zwischen 30 und 50 % der Gesamtintensität [36, 37]. Verwendet man $CH_4$ statt CO oder $CO_2$, stört keine nichtresonante Emission, allerdings erreicht man mit CO die größten Lichtintensitäten und mit $CH_4$ bildet sich sehr schnell Ruß in der Lampe.

Zur Kalibrierung wurde für die vorliegende Arbeit der thermische Zerfall von Methan verwendet (siehe Kapitel 7.2.3).

## 3.2.2 Frequenzmodulationsspektroskopie (FMS)

Mit dem Ziel die Konzentration der detektierten Spezies immer weiter zu erniedrigen und auch Spezies mit relativ kleinen Absorptionsquerschnitten während Experimenten im Stoßrohr zu verfolgen, wurden die Absorptionsmethoden immer weiter verbessert. ARAS oder auch MRAS (molekulare Resonanzabsorptionsspektroskopie) sind zwar sehr sensitiv, bedürfen aber einer Kalibrierung und ihre Anwendung ist auf bestimmte Spezies begrenzt. Als Alternative stand zuerst die Lichtabsorption mit konventionellen Lichtquellen zur Verfügung, zum Beispiel Quecksilberdampflampen oder Xenonlampen. Eine Sensitivitätssteigerung konnte durch die Verwendung von Lasern und die Differenzlaserabsorption erreicht werden. Auch *Multipass*-Absorption führt bei gleicher Probenraumlänge zu niedrigeren detektierbaren Konzentrationen, allerdings ist die Anwendung in Kombination mit dem Stoßrohr aufgrund der mechanischen Belastung der Stoßrohrfenster erschwert. Die empfindlichste Detektionstechnik für Stoßwellenexperimente ist zur Zeit die Frequenzmodulationsspektroskopie (FMS). Mit ihr lassen sich Teilchen mit relativ schmalen Absorptionsbanden nachweisen. Als kleinste detektierbare Absorbanz pro Längeneinheit $\alpha_{min}$ für den zeitaufgelösten (Zeitauflösung etwa 10 $\mu s$) Nachweis von $NH_2$ und $^1CH_2$ wurde ein Wert von etwa $1{,}2 \cdot 10^{-6} cm^{-1}$ erreicht [38, 39].

Die erste Veröffentlichung zur Anwendung der Frequenzmodulation (FM), die sich in der Mikrowellen- und NMR-Spektroskopie schon bewährt hatte, auf die Laserspektroskopie stammt aus dem Jahr 1980 von Bjorklund [40]. Er verwendete einen Farbstofflaser und einen externen elektrooptischen Modulator zur Frequenzmodulation. Eine andere Möglichkeit zur Erzeugung frequenzmodulierten Lichtes ist die direkte Modulation eines Diodenlasers über den Diodenstrom [41, 42]. Diese Technik wird inzwischen auch in kommerziellen Geräten eingesetzt [43].

Estmals an ein Stoßrohr gekoppelt wurde ein FM-Spektrometer Ende der 90er Jahre in Göttingen von Wagner und Mitarbeitern [44] und wenig später in Stanford [45].

### Qualitative Beschreibung

Die Frequenzmodulationsspektroskopie ist eine optisch heterodyne Spektroskopiemethode, die einen sehr sensitiven und selektiven Nachweis der Absorption und Dispersion von Spezies mit schmalen Absorptionsbanden bei gleichzeitiger hoher Zeitauflösung ermöglicht. Das Prinzip der FMS ist in Abbildung 3.3 dargestellt. Das Licht eines schmalbandigen Lasers mit der Frequenz[4] $\omega_0$ (elektrische Feldstärke $E_1$) wird mit einem elektro-

---

[4]Die Frequenz $\nu$ ist mit der Kreisfrequenz $\omega$ über $\omega = 2\pi\nu$ verknüpft. $\omega$ wird wie auch üblich im Folgenden meist nur als Frequenz bezeichnet.

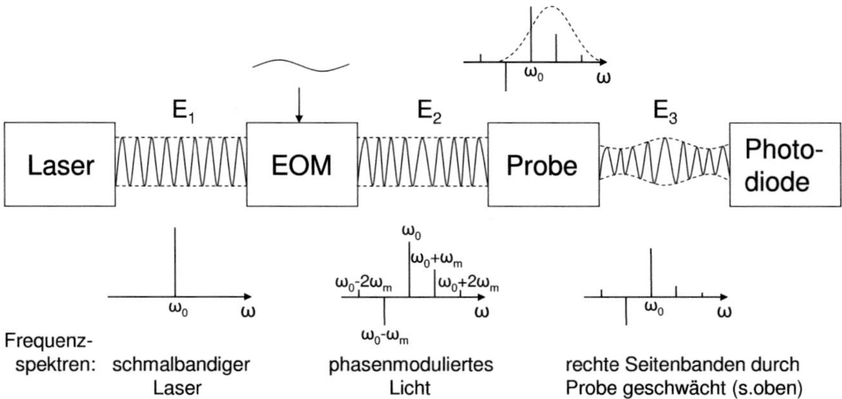


Abbildung 3.3: Prinzip der Frequenzmodulationsspektroskopie (EOM: elektrooptischer Modulator). Nach Referenz [46].

optischen Modulator mit der Modulationsfrequenz $\omega_m$ phasen- bzw. frequenzmoduliert[5]. Das erhaltene Licht besitzt eine konstante Amplitude, aber ein verändertes Frequenzspektrum. Die instantane Frequenz seines elektrischen Feldes ($E_2$), also die Ableitung des gesamten Argumentes der Exponentialfunktion in Gleichung 3.31 (siehe später) nach der Zeit, ist gegeben durch:

$$\omega_i(t) = \omega_0 + \beta cos(\omega_m t) \quad \text{mit} \quad \beta = M\omega_m \tag{3.27}$$

Sie oszilliert mit einer Frequenz von $\omega_m$ um die mittlere Frequenz $\omega_0$ und weicht um maximal $M\omega_m$ von $\omega_0$ ab. Der Modulationsindex $M$ ist ein Maß für die Modulationstiefe und abhängig von der Amplitude des Modulationssignals. Er ist definiert als Quotient aus Frequenzhub $\Delta\omega$ und Modulationsfrequenz $\omega_m$.

$$M = \Delta\omega/\omega_m \tag{3.28}$$

Im Spektrum treten neben der Zentralfrequenz $\omega_0$ im Abstand von ganzzahligen Vielfachen der Modulationsfrequenz $\omega_m$ Seitenbanden auf, also bei $\omega_n = \omega_0 + n \cdot \omega_m$ ($n$:

---

[5]Mit einem elektrooptischen Modulator erhält man eine Phasenmodulation, Diodenlaser werden durch den Diodenstrom direkt frequenzmoduliert. Der Unterschied liegt lediglich in einer Phasenverschiebung um $\pi/2$.

ganze Zahl). Damit trotz dieser Seitenbanden die Amplitude konstant bleibt, müssen die Seitenbanden bezüglich Intensität und Phase bestimmte Bedingungen erfüllen. Korrespondierende Seitenbanden, das heißt solche mit selbem $|n|$, müssen die selbe Intensität haben. Bei ungeradem $n$ müssen obere und untere Seitenbande genau um 180° phasenverschoben sein, während sie bei geradem $n$ genau in Phase sein müssen.

In Abbildung 3.3 ist $\omega_0$ zur besseren Visualisierung nur etwa fünfmal so groß wie $\omega_m$ gewählt worden. Im Experiment ist das Vehältnis viel größer, es wurde mit einer Frequenz $\nu_m = 1,1 \cdot 10^9$ Hz moduliert bei einer Zentralwellenlänge von 600 nm, das entspricht einer Frequenz $\nu_0 = 5 \cdot 10^{14}$ Hz. Wird rein frequenz-/phasenmoduliertes Licht mit einer Photodiode detektiert, so erhält man ein konstantes Gleichstromsignal.

Führt nun eine schmale Absorptionsbande dazu, dass die oberen und unteren Seitenbanden unterschiedlich stark durch Absorption geschwächt oder durch Dispersion in ihrer Phase verschoben werden, so wird die empfindliche Balance gestört und es kommt zu einer Amplitudenmodulation ($E_3$). Die Intensität des Lichtes schwankt periodisch mit der Modulationsfrequenz $\omega_m$ bzw. ganzzahligen Vielfachen von $\omega_m$. Die durch unterschiedliche Intensitäten der Seitenbanden hervorgerufene Amplitudenmodulation ist in Phase mit der Modulation, die durch Dispersion verursachte um 90° phasenverschoben. Sehr anschaulich werden die beschriebenen Effekte in einer Animation von Hall und North dargestellt ([47], siehe „supplemental material").

Mit der Photodiode erhält man ein Gleichstromsignal (dc-Komponente), das von einem Wechselstromsignal (ac-Komponente) überlagert ist. Dieses Wechselstromsignal wird gefiltert, phasensensitiv demoduliert und verstärkt und bildet das eigentliche Messsignal. Sehr vereinfacht ausgedrückt detektiert man die Differenz der Absorptionen der Seitenbanden. Da diese nur einige $10^{-4}$ nm voneinander entfernt sind, werden sie durch Rauschquellen (zum Beispiel Strahlablenkung, Doppelbrechung und Streueffekte durch mechanische Belastung und Erschütterung der Stoßrohrfenster beim Vorbeilaufen der Stoßwelle) stets gleichermaßen beeinflusst. Durch die Hochfrequenzdetektion kann außerdem niederfrequentes Rauschen (zum Beispiel durch Schwankungen in der Laserleistung) eliminiert werden. Auch breitbandige Untergrundabsorption stört nicht, sie führt zu keinem Wechselstromsignal, da die Seitenbanden alle gleichermaßen beeinflusst werden. Dies führt zu der sehr hohen Sensitivität und Selektivität dieser Technik.

Das erhaltene Wechselstromsignal ist abhängig von der Intensität der Seitenbanden, also vom Modulationsindex, der Differenz der Absorptionskoeffizienten der absorbierenden Spezies an den korrespondierenden Seitenbanden und von ihrer Konzentration. Durch geeignete theoretische Beschreibung ist es bei bekanntem Spektrum der absorbierenden Spezies und vorhergehender Charakterisierung des jeweiligen FM-Aufbaus möglich, Signalintensitäten direkt in Spezieskonzentrationen umzurechnen.

### Quantitative Beschreibung

Ausführliche Herleitungen und Zusammenfassungen zur Theorie der Frequenzmodulationsspektroskopie in Bezug auf die verschiedensten Bedingungen wie Modulationsfrequenz, Modulationsindex oder auch Art der Demodulation und Diskussionen zum jeweiligen Detektionslimit finden sich in der Literatur [40, 41, 47, 48]. Von G. Friedrichs stammt eine sehr gute Übersicht zu Theorie und Experimenten zeitaufgelöster Messungen mittels FMS [49].

Oft hängt in der Literatur die Herangehensweise für die theoretische Beschreibung vom Verhältnis $\chi_m$ zwischen der Modulationsfrequenz $\omega_m$ und der vollen Halbwertsbreite der Absorptionslinie $\omega_{1/2}$ ab:

$$\chi_m = \frac{\omega_m}{\omega_{1/2}} \tag{3.29}$$

Ist $\chi_m \ll 1$, so spricht man von Wellenlängenmodulationsspektroskopie (WMS), bei $\chi_m > 1$ von Frequenzmodulationsspektroskopie (FMS). Üblicherweise werden bei der WMS Modulationsfrequenzen im Kilohertzbereich verwendet und es wird mit einem hohen Modulationsindex gearbeitet ($M \gg 1$). Die FMS zeichnet sich durch weitaus höhere Modulationsfrequenzen und meist wesentlich geringere Modulationstiefen ($M \ll 1$, nur ein Seitenbandenpaar) aus. In der vorliegenden Arbeit wurde mit einer Modulationsfrequenz von 1,1 GHz gearbeitet, allerdings liegt die volle Halbwertsbreite des nachgewiesenen $NH_2$-Radikals bei über 6 GHz, so dass $\chi_m < 1$ war. Auch der Modulationsindex lag mit etwa 1,65 zwischen den für WMS und FMS typischen Werten. Um der hohen Modulationsfrequenz besser Rechnung zu tragen, wurde wie schon in anderen Arbeiten (unter anderem in den Referenzen [44], [45] und [47]) der Begriff FMS gewählt.

Auf den folgenden Seiten sollen die grundlegenden Gleichungen und Zusammenhänge erläutert werden, die bei der Auswertung der für die vorliegende Arbeit durchgeführten Experimente verwendet wurden. An der Indizierung in den Gleichungen (analog zu Abbildung 3.3) ist zu erkennen, ob sie sich auf das unmodulierte Laserlicht (Index 1), das modulierte Licht vor (Index 2) oder nach (Index 3) Durchlaufen der Probe oder das schon demodulierte Signal (Index 4) beziehen. Die spektrale Breite des Lasers (etwa 500 kHz $= 5 \cdot 10^5$ Hz) ist im Vergleich zur Modulationsfrequenz ($1,1 \cdot 10^9$ Hz) so gering, dass sie bei der theoretischen Beschreibung vernachlässigt werden kann.

Das elektrische Feld eines schmalbandigen Lasers mit der Frequenz $\omega_0$ lässt sich durch folgende Gleichung beschreiben:

$$E_1(t) = E_0 \, exp(i\omega_0 t) \qquad (3.30)$$

Erfährt dieses Feld eine sinusförmige Modulation seiner Phase mit der Frequenz $\omega_m$, so erhält man eine Welle mit periodisch variierender instantaner Frequenz und konstanter Amplitude.

$$E_2(t) = E_0 \, exp[i(\omega_0 t + M sin(\omega_m t))] \qquad (3.31)$$

Durch Reihenentwicklung nach Besselfunktionen n-ter Ordnung, $J_n(M)$, kann das Frequenzspektrum anschaulicher beschrieben werden:

$$E_2(t) = E_0 \, exp(i\omega_0 t) \sum_{n=-\infty}^{+\infty} J_n(M) exp(in\omega_m t) \qquad (3.32)$$

Es setzt sich zusammen aus der Trägerfrequenz $\omega_0$ und weiteren Frequenzen bei $\omega_n = \omega_0 + n\omega_m$ ($n$: ganze Zahl). Alle Banden mit $n \neq 0$ werden als Seitenbanden bezeichnet, beide Banden bei $\omega_0 \pm 2\omega_m$ zum Beispiel als zweite Seitenbande. Die Intensität der Banden ist proportional zum Quadrat der jeweiligen Besselfunktion, die wiederum vom Modulationsindex abhängig ist.

Die Abhängigkeit der Besselfunktionen 0-ter bis 4-ter Ordnung vom Modulationsindex $M$ sowie zwei gemessene Frequenzspektren für $M = 0,77$ und $M = 1,64$ sind in Abbildung 3.4 dargestellt. Mit zunehmendem Modulationsindex nehmen Intensität und Anzahl der Seitenbanden zu. Die Zentralbande wird immer schwächer, verschwindet bei $M = 2,4$ ganz und wächst dann wieder an. Für die vorliegende Arbeit wurde meist bei einem Modulationsindex von etwa 1,65 gemessen.

Korrespondierende Seitenbanden haben dieselbe Intensität, die Phase der Seitenbanden gerader Ordnung ist gleich während die ungerader Ordnung um 180° gegeneinander verschoben ist, was durch die Symmetrie der Besselfunktionen zum Ausdruck kommt:

$$J_{-n} = (-1)^n J_n \qquad (3.33)$$

Die Absorption und Dispersion in der Probe bei der jeweiligen Frequenz $\omega_n$ kann durch die komplexe Transmissionsfunktion $T(\omega_n)$ beschrieben werden:

$$T(\omega_n) = exp(-\delta_n - i\phi_n) \qquad (3.34)$$

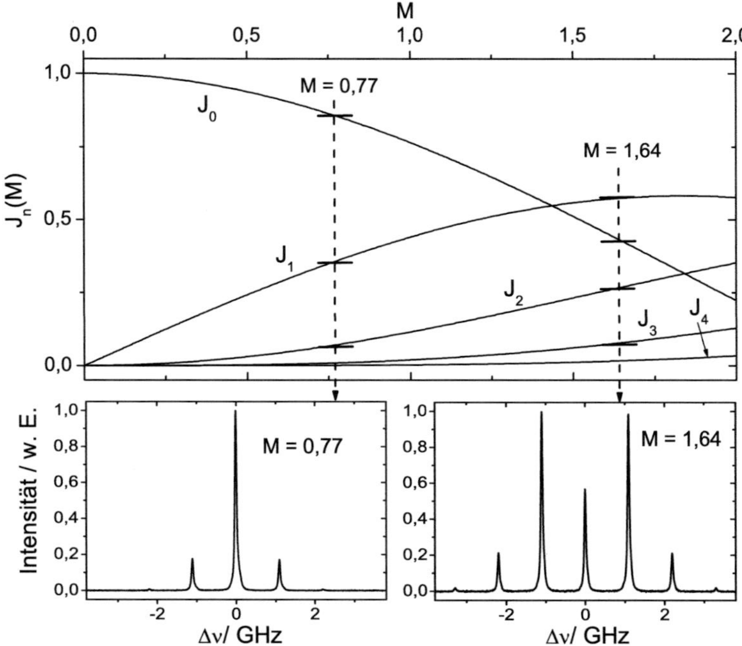


Abbildung 3.4: Oben: Abhängigkeit der Besselfunktionen $J_n$ vom Modulationsindex M. Unten: Mit einem Fabry-Perot-Interferometer gemessenes Spektrum für $M = 0,77$ und $M = 1,64$. $I_n \propto J_n^2$.

Dabei ist $\delta_n$ die Amplitudenabschwächung und $\phi_n$ die Phasenverschiebung der n-ten Frequenzkomponente. Das elektrische Feld des durch die Probe transmittierten Lichtes ergibt sich dann zu:

$$E_3(t) = E_0 \, exp(i\omega_0 t) \sum_{n=-\infty}^{+\infty} T(\omega_n) J_n(M) exp(in\omega_m t) \qquad (3.35)$$

Das Gleichgewicht zwischen den Seitenbanden ist aufgehoben und es kommt neben der Frequenzmodulation auch zu einer Amplitudenmodulation. Die mit der Photodiode detektierte Intensität ist proportional zum Betragsquadrat des elektrischen Feldes $E_3$. Vereinfachend wirkt sich für die folgende Beschreibung aus, dass mit der FMS schwache Absorptionen nachgewiesen werden sollen, das heißt die Absorption und Dispersion in der Probe ist so gering, dass die Differenz von Absorption und Dispersion benachbarter Frequenzkomponenten viel kleiner als eins ist.

$$|\delta_n - \delta_{n\pm1}| << 1 \quad \text{und} \quad |\phi_n - \phi_{n\pm1}| << 1 \tag{3.36}$$

Außerdem können bei der Summation alle Terme, die mit höheren Harmonischen der Modulationsfrequenz ($n \cdot \omega_m$, $n > 1$) schwingen, vernachlässigt werden, da mit $\omega_m$ demoduliert wird. Zudem werden mit einem Bandpassfilter alle Komponenten, die nicht mit der Modulationsfrequenz auftreten, aus dem Wechselstromsignal gefiltert und höhere Harmonische sind bei dem verwendeten moderaten Modulationsindex nur wenig ausgeprägt.

Quadriert man Gleichung 3.35 und wendet die genannten Vereinfachungen an, so erhält man:

$$\begin{aligned}
|E_{3,\omega_m}|^2 \;=\; & \underbrace{E_0^2\, exp(-2\delta_0)}_{dc} + E_0^2\, exp(-2\delta_0)\;\cdot \\[2mm]
& [cos(\omega_m t) \cdot 2 \underbrace{\sum_{n=0}^{\infty} J_n J_{n+1}(\delta_{-n-1} - \delta_{n+1} + \delta_{-n} - \delta_n)}_{ac_{abs}} + \\[2mm]
& sin(\omega_m t) \cdot 2 \underbrace{\sum_{n=0}^{\infty} J_n J_{n+1}(\phi_{-n-1} - \phi_{-n} + \phi_{n+1} - \phi_n)}_{ac_{disp}}]
\end{aligned} \tag{3.37}$$

Die Intensität setzt sich aus einem zeitlich konstanten Gleichstromanteil (dc) und zwei mit $\omega_m$ oszillierenden Komponenten (ac) zusammen. Der durch Absorption verursachte Wechselstromanteil ist proportional zu $cos(\omega_m t)$, der durch Dispersion hervorgerufene zu $sin(\omega_m t)$, sie sind also um 90° gegeneinander verschoben.

Das Wechselstromsignal wird im Experiment vom Gleichstromsignal getrennt und in einem Frequenzmischer homodyn (mit der Frequenz, mit der auch die Modulation erfolgte) und phasensensitiv demoduliert. Der Frequenzmischer multipliziert das hochfrequente (nach Abzug des Gleichstromanteils um $U = 0$ oszillierende) Spannungssignal von der Photodiode $U_3(t)$ mit einem um den Phasenwinkel $\theta$ gegenüber dem Modulationssignal verschobenen, ebenfalls mit $\omega_m$ schwingenden Spannungssignal $U_{LO}(t)$ (LO steht für lokaler Oszillator, also die Referenzwelle).

$$U_4(t) \propto U_3(t) \cdot U_{LO}(t) \tag{3.38}$$

Das erhaltene Signal $U_4(t)$ ist ebenfalls ein Hochfrequenzsignal, das jedoch nicht um Null oszilliert, sondern von einem Gleichspannungssignal überlagert ist. Das Signal wird mit einem Tiefpassfilter integriert und man erhält eine Gleichspannung, die proportional zu $cos(\varphi)$ ist, also von der Phasenverschiebung der beiden Signale $U_3(t)$ und $U_{LO}(t)$ abhängt. Außerdem ist sie proportional zur Amplitude dieser beiden Signale [50].

Befinden sich das Messsignal und das Referenzsignal in Phase ($\varphi = 0°$), so wird das Ausgabesignal maximal, bei einer Phasenverschiebung $\varphi$ von 90° ist es gleich Null. Da nun aber der durch Absorption und der durch Dispersion erzeugte Wechselstromanteil genau um 90° gegeneinander verschoben sind, können beide getrennt voneinander detektiert werden. Bei $\theta = 0°$ oder 180° misst man ein reines Absorptionssignal (die Amplitudenmodulation durch Seitenbandenschwächung ist ja in Phase mit der Modulation), bei $\theta = $ 90° oder 270° ein reines Dispersionssignal. Für alle anderen Demodulationsphasenwinkel erhält man eine Kombination aus Absorptions- und Dispersionssignal.

Mischer und Tiefpassfilter wirken wie ein extrem schmalbandiger Frequenzfilter. Nur Signalanteile, die mit $\omega_m$ schwingen, erzeugen ein Signal, das ungleich Null ist. Andere Frequenzkomponenten, auch niederfrequentes Rauschen, werden effizient abgeschwächt. Die Bandbreite der Mischer-Tiefpassfilter-Kombination ist umgekehrt proportional zur Integrationszeit, das heißt proportional zur Grenzfrequenz des Tiefpassfilters (im Experiment 1 MHz). Allerdings ist die Zeitauflösung gleich der Integrationszeit und damit gleich der inversen Grenzfrequenz ($(1 \text{ MHz})^{-1} = 1$ $\mu$s). Es muss also immer ein Kompromiss zwischen Zeitauflösung und Rauschfilterung gewählt werden.

Die für das FM-Signal insgesamt nach der Demodulation resultierende Signalintensität ($I_4 = I_{FM}$) ist proportional zu einer über den Demodulationsphasenwinkel $\theta$ gewichteten Summe über die beiden Wechselspannungsterme $ac_{abs}$ und $ac_{disp}$ (siehe Gleichung 3.37).

$$I_{FM} \propto E_0^2 \, exp(-2\delta_0) \cdot [ac_{abs}cos(\theta) + ac_{disp}sin(\theta)] \qquad (3.39)$$

Für kleine Absorbanzen ist $exp(-2\delta_0)$ ungefähr gleich eins und da $I_0 \propto E_0^2$, gilt dann auch:

$$I_{FM} \propto I_0 \cdot [ac_{abs}cos(\theta) + ac_{disp}sin(\theta)] \qquad (3.40)$$

Für quantitative Messungen stellt sich natürlich die Frage nach dem Proportionalitätsfaktor. Er wird gewöhnlich mit $G$ bezeichnet und ist ein Maß für die elektronische Verstärkung des Wechselstromanteils im Vergleich zur Verstärkung des Gleichstromsignals. Der sogenannte Verstärkungsfaktor $G$ kann experimentell bestimmt werden (siehe

Kapitel 5.1). Es ergibt sich für die detektierte Intensität des FM-Signals:

$$I_{FM} = I_0 \cdot [ac_{abs}cos(\theta) + ac_{disp}sin(\theta)] \cdot G \tag{3.41}$$

Sehr anschaulich ist eine Betrachtung für das reine Absorptionssignal mit $\theta = 0°$ und kleine Modulationstiefen. Bei kleinem Modulationsindex ($M << 1$), bei dem nur ein Seitenbandenpaar ausgeprägt ist und alle weiteren vernachlässigt werden können, ist $J_0 \approx 1$ und $J_1 \approx M/2$.[6] Dann vereinfacht sich Gleichung 3.37 zu:

$$\begin{aligned}
|E_{3,\omega_m}|^2 &= E_0^2 \ exp(-2\delta_0)[1 + \\
&\quad cos(\omega_m t) \cdot \underbrace{M(\delta_{-1} - \delta_1)}_{ac_{abs}} + \\
&\quad sin(\omega_m t) \cdot \underbrace{M(\phi_{-1} + \phi_1 - 2\phi_0)}_{ac_{disp}}]
\end{aligned} \tag{3.42}$$

Mit Hilfe des Lambert-Beerschen Gesetzes kann die Schwächung $\delta_n$ der Amplitude der n-ten Seitenbande durch den Absorptionskoeffizienten $\alpha_n$, die Konzentration der absorbierenden Spezies $c$ und die Länge der durchstrahlten Schicht $l$ ersetzt werden[7]. Mit $\delta_n = (\alpha_n cl)/2$, $cos(0) = 1$ und $sin(0) = 0$ wird Gleichung 3.41 zu:

$$I_{FM} = I_0 \cdot M \cdot \frac{1}{2}cl(\alpha_{-1} - \alpha_1) \cdot G \tag{3.43}$$

Die Intensität des FM-Signals bei der Laserzentralfrequenz $\omega_0$ ist also für $M << 1$ und $\theta = 0°$ (oder 180°) direkt proportional zur Gesamtintensität $I_0$, zum Modulationsindex M, zu $c \cdot l$, und zur Differenz der Absorptionkoeffizienten an den beiden Seitenbanden bei $\omega_0 - \omega_m$ und $\omega_0 + \omega_m$.

Zur Auswertung der Experimente mit $M \approx 1,65$ können die verkürzten Formeln jedoch nicht angewendet werden, es muss auf Geichung 3.37 und 3.41 zurückgegriffen werden.

### FM-Profile

Beim Durchstimmen der Zentralfrequenz $\nu_0$ des Lasers über eine schmale Absorptionsbande erhält man ein FM-Spektrum. Zur Darstellung wird oft der sogenannte FM-Faktor

---

[6]Für kleine $M$ gilt $J_n \approx M^n/2^n n!$.

[7]$|E_n|^2 = |E_{n0}|^2 \cdot exp(-2\delta_n) \Rightarrow I_n = I_{n0} \cdot exp(-2\delta_n) = I_{n0} \cdot exp(-\alpha_n cl) \Rightarrow 2\delta_n = \alpha_n \cdot c \cdot l$

$\Delta f$ gegen $\nu_0 - \nu_c$ aufgetragen.

$$\Delta f(\nu_0) = [ac_{abs}(\nu_0)cos(\theta) + ac_{disp}(\nu_0)sin(\theta)]/\delta_c \tag{3.44}$$

Die Frequenz $\nu_c$ mit der hier als Normierungsfaktor verwendeten Amplitudenschwächung $\delta_c$ ist frei wählbar, üblicherweise nimmt man aber entweder die Linienmitte der Absorptionsbande oder die Frequenz, bei der die Absorbanz und somit auch $\delta$ am größten ist. Kennt man $\Delta f$, so kann die im Experiment detektierte Intensität mit

$$\begin{aligned} I_{FM} &= I_0 \cdot \Delta f \cdot \delta_c \cdot G \\ &= I_0 \cdot \Delta f \cdot \frac{1}{2}\alpha_c cl \cdot G \end{aligned} \tag{3.45}$$

berechnet werden. Der FM-Faktor ist abhängig von der Wellenlänge $\lambda_0$ bzw. der Frequenz $\nu_0$ des unmodulierten Lichtes, von der Linienform der Absorptionsbande und von der Intensität der Seitenbanden im Spektrum des modulierten Lichtes, also vom Modulationsindex $M$.

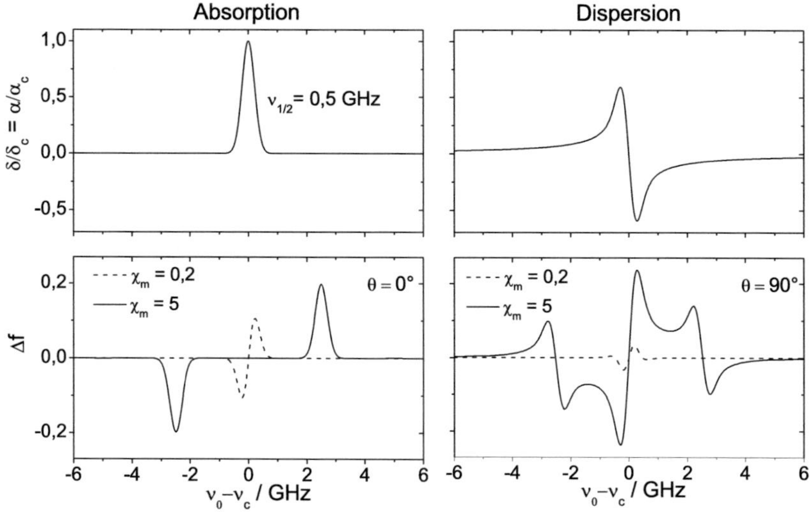


Abbildung 3.5: Oben: Gaußförmiges Absorptionsprofil mit zugehörigem Dispersionsprofil. Unten: Abhängigkeit des FM-Profils von $\chi_m$ für reine Absorption ($\theta = 0°$) und reine Dispersion ($\theta = 90°$) mit M = 0,2. Berechnet mit *fmpromult* [51] (siehe auch S.69).

In Abbildung 3.5 ist $\Delta f$ für eine gaußförmige Absoptionsbande und $\chi_m = 0{,}2$ und 5 aufgetragen. Mit $M = 0{,}2$ wurde ein niedriger Modulationsindex gewählt und es sind nur das reine Absorptionssignal für $\theta = 0°$ und das reine Dispersionssignal für $\theta = 90°$ gezeigt. Für $\chi_m = 5$ ist der Abstand zwischen dem ersten Seitenbandenpaar des modulierten Lichts zehnmal so groß $(2 \cdot \omega_m)$ wie die volle Halbwertsbreite der Spektrallinie $(\omega_{1/2})$, für $\chi_m = 0{,}2$ ist er 2,5-mal kleiner als $\omega_{1/2}$. Man erkennt, dass das maximale FM-Absorptionssignal $(\theta = 0°)$ nicht bei der Zentralfrequenz $\nu_c$ der Absorptionsbande (für $\nu_0 - \nu_c = 0$) entsteht, also nicht, wenn die Zentralwellenlänge des modulierten Lichtes bei $\nu_c$ liegt. Für ein hohes Verhältnis $\chi_m$ zwischen Modulationsfrequenz und Linienbreite, wird die Absorptionslinie zweimal im Abstand von $2\,\omega_m$ abgebildet, einmal als positives, einmal als negatives Signal. Für kleine $\chi_m$ erhält man im Wesentlichen die erste Ableitung des Gaußprofils, die größten Werte für $|\Delta f|$ findet man dort, wo die Spektrallinie die größte Steigung aufweist. Das Maximum des FM-Faktors $\Delta f_{max}$ ist außerdem für den größeren Werte von $\chi_m$ höher als für den kleineren. Das lässt sich dadurch erklären, dass für die größere Modulationsfrequenz die eine Seitenbande maximal absorbiert werden kann, während die andere überhaupt keine Absorption erfährt. Somit wird auch der Unterschied der Absorptionskoeffizienten an den beiden Seitenbanden $\alpha_{-1} - \alpha_1$ maximal. Für kleine Werte von $\chi_m$ werden beide korrespondierenden Seitenbanden durch Absorption geschwächt, dies geschieht nur unterschiedlich stark. Bei großem Modulationsindex $M$, wenn viel Intensität in höhere Seitenbanden verschoben ist, sinkt allerdings für zu große Modulationsfrequenzen die maximale Intensität des FM-Signals wieder ab.

Bei der Wahl der Modulationsfrequenz ist man experimentell meist auf eine Frequenz festgelegt. Man muss deshalb den Modulationsindex $M$ auf $\chi_m$ abstimmen (siehe auch Kapitel 5.2). Ist der Modulationsindex sehr klein, so gilt Gleichung 3.43 und die Intensität des FM-Signals steigt linear mit $M$ an. Mit größer werdendem $M$ krümmt sich die $\Delta f$-$M$-Kurve (Gleichung 3.41 muss verwendet werden). Je kleiner $\chi_m$ ist, umso schwächer ist diese Krümmung und umso später wird das Maximum überschritten. Abbildung 5.4 zeigt dies für den konkreten Fall des $NH_2$-Nachweises mit $\chi_m \approx 0{,}15$ und die Absoption durch das Scanning-Etalon mit $\chi_m \approx 20$ (Kapitel 5.2). Auch die Abhängigkeit der Signalhöhe vom Demodulationsphasenwinkel ist dort veranschaulicht (in Abbildung 5.1).

Im Experiment ist es leider sehr schwer, reine Phasen- oder Frequenzmodulation zu erreichen, auch ohne absorbierende Probe erfährt der Laserstrahl meist eine Amplitudenmodulation. Die Signale sind dann mit sogenannter RAM (*residual amplitude modulation*) behaftet. Die RAM setzt sich zusammen aus einem wellenlängenabhängigen Anteil, der zu mit der Wellenlänge periodisch variierenden Intensitäten führt, und einem wellenlängenunabhängigen Anteil, der eine Verschiebung der Grundlinie bewirkt. Beide Effekte stören die zeitaufgelösten Messungen nicht. Die wellenlängenabhängige RAM kann allerdings zu leichten Problemen bei der Wellenlängeneinstellung des Lasers führen (siehe Kapitel 5.2). Ursache der wellenlängenabhängigen Amplitudenmodulation sind Multipasseffekte im Modulator. Sie kann durch Verkippen des Modulators aus der Laserstrahlachse minimiert, jedoch nicht vollständig eliminiert werden. Eine vollständige theoretische Erklärung für die wellenlängenunabhängige RAM scheint noch nicht gefunden zu sein. Da sie lediglich zu einer Verschiebung der Grundlinie führt, beeinträchtigt sie die Messungen nicht. Weiterhin kann es auch zu zeitabhängigen Schwankungen im Grundsignal kommen, was allerdings normalerweise nicht der Fall ist und durch leichtes Umjustieren beseitigt werden kann. Die Effekte der RAM und mögliche Methoden zu ihrer Vermeidung sind in der Literatur, z.B in den Veröffentlichungen [46], [52] und [53], beschrieben.

## 3.3 Simulation von Konzentrations-Zeit-Profilen

Kann man die im Experiment ablaufenden chemischen Prozesse mit nur einer oder einigen wenigen Elementarreaktionen beschreiben, so bilden die Geschwindigkeitsgesetzte der einzelnen Teilreaktionen ein Differentialgleichungssystem, das unter Umständen analytisch lösbar ist. Sind die Vorgänge allerdings so komplex, dass man eine Aneinanderreihung sehr vieler Elementarreaktionen, einen komplexen Reaktionsmechanismus, benötigt, so muss zur Integration der gekoppelten differentiellen Zeitgesetze auf numerische Methoden zurückgegriffen werden. Einige gebräuchliche numerische Integrationsmethoden sind zum Beispiel in Referenz [54] beschrieben.

Große Mechanismen sind als Modelle zu verstehen, mit denen experimentelle Befunde wie Konzentrations-Zeit-Verläufe bestimmter Spezies oder zum Beispiel auch Zündverzugszeiten adäquat beschrieben werden sollen. Das bedeutet allerdings nicht, dass die Prozesse in der Realität genauso wie im Mechanismus angenommen ablaufen. Ein Mechanismus, der ein Phänomen gut beschreibt (ein Grund hierfür kann auch Fehlerkompensation sein), kann bei anderen völlig versagen. Nicht nur die Wahl der einzelnen Elementarreaktionen kann unvollständig oder in Bezug auf die gebildeten Produkte fehlerhaft sein, auch Geschwindigkeitskonstanten, Verzweigungsverhältnisse und Gleichgewichtskonstanten (thermochemische Daten) sind immer mit einem Fehler behaftet. Mit einem Mechanismus ist man meist nicht in der Lage, die Konzentrations-Zeit-Profile aller vorkommender Spezies über ausgedehnte Temperatur- und Druckbereiche korrekt zu beschreiben.

Für eine beliebige Elementarreaktion, bei der $S_E$ verschiedene Edukte zu $S_P$ Produkten reagieren, also

$$\sum_{m=1}^{S_E} |\nu_{E,m}|\, E_m \rightarrow \sum_{n=1}^{S_P} \nu_{P,n} P_n, \tag{3.46}$$

ergibt sich für die Spezies i (die sowohl Edukt $E$ als auch Produkt $P$ sein kann) folgendes differentielle Zeitgesetz:

$$\frac{dc_i}{\nu_i dt} = k \prod_{m=1}^{S_E} c_m^{|\nu_{E,m}|} \tag{3.47}$$

Hierbei sind $\nu_{E,m}$ und $\nu_{P,n}$ die stöchiometrischen Faktoren der Edukte ($\nu_{E,m} < 0$) und Produkte ($\nu_{P,n} > 0$). Generell kennzeichnet hier der Index $m$ Edukt- und der Index $n$ Produktspezies. Die Geschwindigkeitskonstante $k$ ist der Proportionalitätsfaktor, der die differentielle Änderung der Konzentration $c_i$ eines Teilchens mit der Zeit mit den Konzentrationen $c_m$ aller Edukte verknüpft.

Für einen Reaktionsmechanismus, der sich aus $R$ Elementarschritten zusammensetzt, muss zur Berechnung des Zeitgesetzes einer Spezies $i$ eine Summation über alle Reaktionen, an denen sie beteiligt ist, ausgeführt werden.

$$\frac{dc_i}{dt} = \sum_{r=1}^{R} \left( \nu_{r,i} k_r \prod_{m=1}^{S_E} c_m^{|\nu_{r,m}|} \right) \tag{3.48}$$

Der Index $r$ steht für die einzelnen Reaktionen, $\nu_{r,i}$ ist also der stöchiometrische Faktor des Teilchens $i$ bei der Reaktion $r$ ($\nu_{r,i}$ kann positiv oder negativ sein). Es bestehen somit folgende Abhängigkeiten:

$$\frac{dc_i}{dt} = F_i(c_1, c_2, ..., c_{SE}; k_1, k_2, ..., k_R) \quad \text{mit} \quad c_m = f_m(t) \tag{3.49}$$

Zur numerischen Simulation der Konzentrations-Zeit-Profile aus Experimenten, in denen sich die ablaufenden Prozesse nur mittels komplexer Mechanismen beschreiben ließen, wurde in der vorliegenden Arbeit das Programm HOMREA [55] verwendet, das von T. Bentz durch eine in LabVIEW [56] programmierte Benutzeroberfläche ergänzt wurde [57]. Eingabeparameter sind unter anderem die Ausgangskonzentrationen der vorliegenden Spezies, Anfangsdruck und -temperatur und die Geschwindigkeitskonstanten der einzelnen Reaktionsschritte (temperatur- und druckabhängig). Will man die angegebenen Reaktionen reversibel behandeln, so kann durch das Prinzip des detaillierten

Gleichgewichtes [58, 59] mit der Software HOMREA die Geschwindigkeitskonstante für die Rückreaktion direkt aus der eingegebenen Geschwindigkeitskonstante für die Vorwärtsreaktion berechnet werden. Dafür müssen thermochemische Daten für die Edukte und Produkte eingetragen oder aus Datenbanken (wie [25] oder [26]) eingelesen werden.

## 3.4 Temperatur- und Druckabhängigkeit der Geschwindigkeitskonstante

Die Reaktionsgeschwindigkeit vieler Reaktionen ändert sich sowohl bei einer Veränderung der Temperatur als auch des Druckes, da ihre Geschwindigkeitskonstanten Funktionen von Temperatur und Druck sind[8] ($k = k(T, p)$). Nun stellt sich einerseits die Frage nach einer theoretischen Erklärung dieses Verhaltens und andererseits nach einer sinnvollen Parametrisierung der gefundenen Ergebnisse. In den folgenden Abschnitten soll zuerst vor allem auf die generellen Zusammenhänge und in der Praxis eingesetzte Parametrisierungen von $k$ eingegangen werden. In Kapitel 3.5 folgt eine genauere Beschreibung der Theorien, die zur quantitativen Berechnung von Geschwindigkeitskonstanten in Abhängigkeit von Temperatur und Druck eingesetzt werden.

### 3.4.1 Die Arrheniusgleichung und ihre Erweiterung

Arrhenius fand 1889 heraus, dass die Temperaturabhängigkeit von Geschwindigkeitskonstanten oft mit der einfachen Gleichung

$$k(T) = A \exp\left(\frac{-E_a}{RT}\right) \tag{3.50}$$

beschrieben werden kann [60] (siehe auch [61] und [62]). $A$ ist der sogenannte präexponentielle Faktor, $E_a$ die Aktivierungsenergie pro Mol und $R$ die molare Gaskonstante. Bei einer Auftragung von $\ln(k)$ gegen $1/T$ (Arrheniusauftragung) ergibt sich experimentell meist über einen nicht all zu großen Temperaturbereich eine Gerade mit der Steigung $-E_a/R$.

---

[8]Die Bezeichnung Geschwindigkeit**konstante** bringt zum Ausdruck, dass $k$ keine Funktion der Zeit ist.

Bei sehr hohen Temperaturen ($T \to \infty$) strebt der Exponentialterm in Gleichung 3.50 gegen 1 und damit die Geschwindigkeitskonstante $k$ gegen $A$. Der präexponentielle Faktor muss für verschiedene Molekularitäten unterschiedlich interpretiert werden. Bei unimolekularen Reaktionen ist die Geschwindigkeit der Reaktion durch die Schwingungsfrequenz der an der Reaktion unmittelbar beteiligten Bindung(en) begrenzt, bei bimolekularen Reaktionen durch die Anzahl der Stöße pro Zeiteinheit.

In der Realität sind jedoch weder $A$ noch $E_a$ temperaturunabhängig. Definiert ist die Aktivierungsenergie über die Steigung der Arrheniusauftragung:

$$E_a \equiv -R\frac{d\ln k(T)}{d\frac{1}{T}} = RT^2\frac{d\ln k(T)}{dT} \tag{3.51}$$

In der Praxis hat es sich als sinnvoll erwiesen, zur über größere Temperaturbereiche gültigen Parametrisierung von Geschwindigkeitskonstanten in Gleichung 3.50 einen zusätzlichen temperaturabhängigen Faktor einzuführen [63, 10]:

$$k(T) = A' \left(\frac{T}{\mathrm{K}}\right)^n \exp\left(\frac{-E_a'}{RT}\right) \tag{3.52}$$

Hierbei ist zu beachten, dass $E_a'$ nicht der Aktivierungsenergie, wie sie nach Gleichung 3.51 definiert ist, enspricht.

Die Aktivierungsenergie steht in engem Zusammenhang mit der Schwellenenergie $E_0$, das heißt der Energiedifferenz von Übergangszustand und Reaktanden im Rotations- und Schwingungsgrundzustand. Tolman lieferte folgende Beschreibung der Aktivierungsenergie [64]: Sie ist gleich der Differenz zwischen der mittleren Energie reagierender Teilchen, also von Teilchen mit einer größeren Energie als $E_0$, und der mittleren Energie aller Eduktteilchen.

$$E_a \equiv \langle E(\text{reagierende Teilchen})\rangle - \langle E(\text{alle Teilchen})\rangle \tag{3.53}$$

Aus der Aktivierungsenergie lassen sich Rückschlüsse auf die Differenz der Enthalpien von Übergangszustand und Edukten ziehen, der präexponentielle Faktor lässt Rückschlüsse auf die Entropiedifferenz zu.

### 3.4.2 Die Beschreibung der Druckabhängigkeit

Die ersten Überlegungen zur Druckabhängigkeit von Geschwindigkeitskonstanten, die qualitativ zum richtigen Ergebnis führten, stammen aus dem Jahr 1922 von Lindemann [65]. Für unimolekulare Reaktionen der allgemeinen Form

$$A \xrightarrow{k_{uni}} \text{Produkte},$$

z.B. die in der vorliegenden Arbeit untersuchten Zerfallsreaktionen von Allylamin und NCN, gilt folgendes differentielle Zeitgesetz:

$$\frac{d[A]}{dt} = -k_{uni}[A] \tag{3.54}$$

Die Geschwindigkeitskonstante $k_{uni}$ ist vom Druck, also von der Konzentration der Badgasmoleküle, und auch von ihrer Beschaffenheit abhängig. [A] steht hier für die Konzentration der Eduktmoleküle A. In Abbildung 3.6 ist schematisch eine doppeltlogarithmische Auftragung der Geschwindigkeitskonstante $k_{uni}$ gegen den Druck, eine sogenannte Falloffkurve, gezeigt. Sie kann in drei charakteristische Bereiche unterteilt werden, den Niederdruckbereich, in dem $k_{uni}$ proportional zum Druck ist, den Hochdruckbereich, in dem $k_{uni}$ druckunabhängig ist, und das Falloffregime, das zwischen diesen beiden Grenzbereichen liegt. Durch reaktionskinetische Experimente und/oder Berechnungen kann bestimmt werden, bei welchen Drücken und Temperaturen die verschiedenen Bereiche vorliegen.

Um dieses Verhalten zu beschreiben, schlug Lindemann vor, dass Aktivierungs- und Deaktivierungsprozesse stoßinduziert sein müssen und separierte sie vom eigentlichen Reaktionsschritt:

$$
\begin{aligned}
&A + M \xrightarrow{k_1} A^* + M \qquad && \text{Aktivierung} \\
&A^* + M \xrightarrow{k_{-1}} A + M \qquad && \text{Deaktivierung} \\
&A^* \xrightarrow{k_2} \text{Produkte} \qquad && \text{Reaktion}
\end{aligned}
$$

Durch einen Stoß mit einem Badgasmolekül oder -atom M nimmt das Molekül A genügend Energie auf, um zu reagieren (Annahme starker Stöße). Das entstandene angeregte Teilchen A* kann nun entweder durch einen weiteren Stoß wieder Energie abgeben oder aber den eigentlichen Reaktionsschritt zu den Produkten durchlaufen. Normalerweise ist $k_{-1}[M] + k_2 >> k_1[M]$, dann gilt Quasistationarität für die angeregten Moleküle A* und $k_{uni}$ ergibt sich wie folgt:

$$k_{uni} = \frac{k_1[M]k_2}{k_{-1}[M] + k_2} \tag{3.55}$$

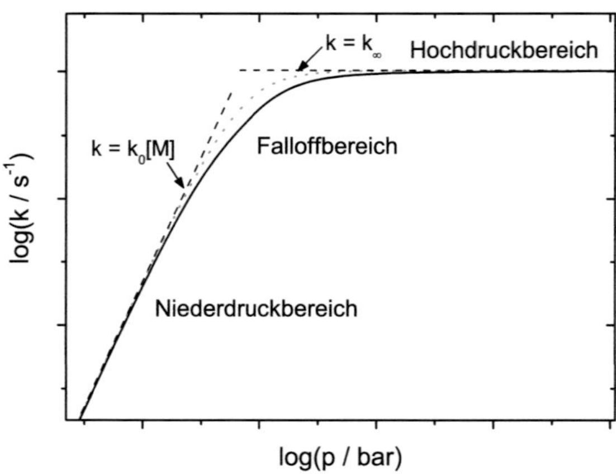


Abbildung 3.6: Schematische Falloffkurve. Durchgezogene schwarze Linie: reale Abhängigkeit der Geschwindigkeitskonstante vom Druck, mit Gleichung 3.59 beschreibbar, gepunktete graue Linie: $k$ mit selben Werten für $k_0$ und $k_\infty$ aber Gleichung 3.58 berechnet.

Bei hohen Drücken, wenn $k_{-1}[\mathrm{M}] >> k_2$ ist, vereinfacht sich der Ausdruck 3.55 zu

$$k_{uni} = \frac{k_1 k_2}{k_{-1}} \equiv k_\infty \tag{3.56}$$

und die Geschwindigkeitskonstante der Reaktion ist unabhängig von der Badgaskonzentration. Für niedrige Drücke, wenn $k_{-1}[\mathrm{M}] << k_2$ ist, wird aus Gleichung 3.55

$$k_{uni} = k_1[\mathrm{M}] \equiv k_0[\mathrm{M}]. \tag{3.57}$$

Die Geschwindigkeitskonstante $k_{uni}$ ist dann proportional zur Badgaskonzentration, die Niederdruckgeschwindigkeitskonstante $k_0$ ist gleich der Konstante für die Stoßaktivierung und zweiter Ordnung.

Bei hohen Drücken sind die stoßinduzierten Prozesse, also Aktivierung und Deaktivierung so schnell, dass der unimolekulare Reaktionsschritt von A* zu den Produkten geschwindigkeitsbestimmend ist. Bei niedrigem Druck hingegen sind die bimolekularen stoßinduzierten Schritte viel langsamer und deshalb selbst geschwindigkeitsbestimmend.

Gleichung 3.55 kann mit der oben definierten Niederdruckgeschwindigkeitskonstante $k_0$ und dem Hochdruckgrenzwert $k_\infty$ umformuliert werden zu

$$k = \frac{k_0[\text{M}]k_\infty}{k_0[\text{M}] + k_\infty} \tag{3.58}$$

und gilt so auch für bimolekulare Assoziationsreaktionen.

Die Form der Falloffkurve kann mit Hilfe der Lindemann-Theorie recht gut beschrieben werden, allerdings ist sie gegenüber experimentell ermittelten Kurven oft stark zu größeren Drücken hin verschoben [66]. Außerdem wird auch das Verhalten im Falloffbereich nicht gut wiedergegeben. Tatsächlich verlaufen die Kurven im Falloffbereich flacher als mit dem Lindemannmodell vorausgesagt. Gibt man korrekte Werte für $k_0$ und $k_\infty$ vor und berechnet mit Gleichung 3.58 die Geschwindgkeitskonstante in Abhängigkeit von [M] oder $p$, so werden Niederdruckbereich und Hochdruckbereich natürlich sehr gut beschrieben, man erhält aber zu große Werte für $k$ im Falloffregime (siehe Abb. 3.6).

Einige bei der Herleitung der Theorie von Lindemann gemachte Annahmen sind für eine quantitative Beschreibung der tatsächlichen Falloffkurven zu stark vereinfachend. So muss eigentlich nicht nur zwischen Eduktteilchen A und angeregten Teilchen A* unterschieden werden, sondern es muss die Energieverteilung dieser Moleküle berücksichtigt werden. Hinshelwood verbesserte den vorgeschlagenen Mechanismus 1926 [67]. Er bezog die Energieabhängigkeit der Geschwindigkeitskonstante $k_2$ in die Betrachtung mit ein $(k_2 \to k_2(E))$. Außerdem optimierte er die Berechnung der Geschwindigkeit der Stoßprozesse und führte eine energetische Unterscheidung der Stöße ein. Auf neuere Methoden zur Berechnung von $k_{uni}$ in Abhängigkeit von Druck und auch Temperatur wird in Kapitel 3.5 eingegangen.

Bei der Simulation von Konzentrations-Zeit-Profilen mit Hilfe größerer Mechanismen (zum Beispiel mit HOMREA [55]) müssen druckabhängige Geschwindigkeitskonstanten korrekt eingegeben werden. Eine oft verwendete Form ist die sogenannte Troeparametrisierung [68]. Sie basiert auf der mit dem einfachen Modell von Lindemann erhaltenen Gleichung 3.58. Troe modifizierte sie durch Einführung eines Verbreiterungsfaktors $F$ so, dass auch das reale Verhalten im Falloffbereich korrekt beschrieben werden kann.

$$k = \frac{k_0[\text{M}]k_\infty}{k_0[\text{M}] + k_\infty} \cdot F \tag{3.59}$$

$F$ hängt dabei wiederum vom Verhältnis $k_0[\text{M}]/k_\infty$ ab:

$$F = F_c^{\left(1 + \left[\frac{\lg(k_0[\text{M}]/k_\infty)}{0{,}75 - 1{,}27 \lg F_c}\right]^2\right)^{-1}} \tag{3.60}$$

Der Parameter $F_c$ ist ein Maß für die Abweichung vom Lindemannmodell in der Mitte der Falloffkurve. Aus $F_c$ können Rückschlüsse auf die Effektivität der Stöße zwischen A und M gezogen werden.

Zur vollständigen Charakterisierung von Geschwindigkeitskonstanten müssen $k_0$, $k_\infty$ und $F_c$ temperaturabgängig angegeben sein. Diese Parameter können aus einer Anpassung an experimentell ermittelte Falloffkurven gewonnen werden oder auch mit statistischen Theorien unimolekularer Reaktionen berechnet werden. Befinden sich Reaktionen bei real auftretenden Bedingungen, zum Beispiel in Verbrennungprozessen, weit im Niederdruck- oder Hochdruckbereich, so genügt zur Anwendung in Modellierungen die Angabe von $k_0(T)$ oder $k_\infty(T)$.

## 3.5 Statistische Theorien unimolekularer Reaktionen

Ausführliche Erläuterungen zur theoretischen Behandlung reaktionskinetischer und dynamischer Problemstellungen finden sich in der Literatur [54, 58, 59, 66, 69, 70].

Die einfachsten Elementarreaktionen sind die unimolekularen. Dabei handelt es sich bei einer strikten Betrachtung des Begriffes immer um Gasphasenreaktionen. Die folgenden Ausführungen beziehen sich deshalb auf unimolekulare Reaktionen in der Gasphase. Wie schon erwähnt (Kapitel 3.3) kann aber aus der unimolekularen Geschwindigkeitskonstante immer über das Prinzip des detaillierten Gleichgewichtes (Folge der mikroskopischen Reversibilität)[9] auch die Geschwindigkeitskonstante für die Rückreaktion berechnet werden.

Die in Kapitel 3.4.2 beschriebene Lindemann-Theorie bildet die Basis für alle modernen Theorien unimolekularer Reaktionen. Um eine Verbesserung zu erzielen, muss - wie schon von Hinshelwood richtig bemerkt - sowohl eine geeignetere Beschreibung der stoßinduzierten als auch der reaktiven Prozesse stattfinden. Dies ist mit der sogenannten Mastergleichung möglich, die in Kapitel 3.5.1 beschrieben wird. Zur Berechnung der benötigten spezifischen Geschwindigkeitskonstante $k(E)$ werden häufig die RRKM-Theorie oder SACM eingesetzt (siehe Kapitel 3.5.3).

Neben der Energie muss auch der Drehimpuls bei allen beschriebenen Prozessen erhalten werden. Das bedeutet, dass prinzipiell sowohl die spezifischen Geschwindigkeitskon-

---

[9]Im Gleichgewicht gilt (da die Dynamik mikroskopischer Prozesse vollständig reversibel ist): $[Reaktand(i)]_{eq} \cdot k_{i \to f} = [Produkt(f)]_{eq} \cdot k_{f \to i}$, dabei ist $[Reaktand(i)]_{eq}$ die Konzentration des Reaktanden im Zustand $i$ oder in einer Gruppe von Zuständen $i$ und $k_{i \to f}$ ist die Geschwindigkeitskonstante für den Übergang von $i$ nach $f$, analoge Kennzeichnung für die rechte Seite der Gleichung. [58, 59]

stanten als auch die Stoßübergangswahrscheinlichkeiten nicht nur in Abhängigkeit von der Energie $E$, sondern auch von der Drehimpulsquantenzahl $J$ betrachtet werden müssten (zweidimensionale Mastergleichung). Meist genügt allerdings die Lösung der eindimensionalen Mastergleichung mit spezifischen Geschwindigkeitskonstanten für die mittlere thermische Rotationsquantenzahl $\langle J \rangle$. In den folgenden Ausführungen wird deshalb die Abhängigkeit von $J$ vernachlässigt.

## 3.5.1 Die Mastergleichung

Die Mastergleichung ist ein System gekoppelter Differentialgleichungen, das die Population und Depopulation der Energiezustände des Reaktanden durch stoßinduzierte und reaktive Prozesse beschreibt. Für die Beschreibung thermischer Zerfallsreaktionen kann die zeitliche Veränderung der Besetzung $n$ des Niveaus mit der Energie $E$ durch folgende (Master-)Gleichung beschrieben werden:

$$\frac{dn(E)}{dt} = -\omega n(E) + \omega \int_0^\infty P(E, E')n(E')dE' - \sum_{i=1}^{N} k_i(E)n(E) \qquad (3.61)$$

Die Energie $E$ ist hier die innere Energie in den aktiven Moden[10]. Die ersten beiden Terme beschreiben die Ent- bzw. Bevölkerung der Energieniveaus mit der Energie $E$ durch Stöße. Sie setzen sich zusammen aus der Stoßhäufigkeit $\omega$ multipliziert mit der Besetzung $n(E)$ bzw. $n(E')$ der Niveaus und der Stoßübergangswahrscheinlichkeit $P(E', E)$, die für Stoßübergänge vom Ausgangsniveau der Energie $E$ auf ein Niveau der Energie $E'$ auf 1 normiert und für umgekehrte Stoßübergänge gleich $P(E, E')$ ist. Der letzte Term steht für die Depopulation durch $N$ unimolekulare Reaktionen mit den spezifischen (mikrokanonischen) Geschwindigkeitskonstanten $k_i(E)$. Eine Reaktion findet (bei Vernachlässigung von Tunneleffekten) nur aus Niveaus mit Energien statt, die oberhalb der Schwellenenergie $E_{0,i}$ für den jeweiligen Prozess liegen, das heißt $k_i(E)$ ist nur dann ungleich null, wenn $E > E_{0,i}$ ist.

In Abbildung 3.7 sind schematisch die Vorgänge, die mit der Mastergleichung beschrieben werden, für ein Teilchen A, das zwei mögliche Reaktionswege durchlaufen kann, dargestellt. Tatsächlich steigt die Zustandsdichte mit zunehmender Energie und ist normalerweise oberhalb der Schwellenenergie extrem hoch (typisch sind Dichten zwischen

---

[10]Dazu zählen alle Freiheitsgrade des Moleküls, unter denen die Energie frei verteilt werden kann, also alle Schwingungen und in erster Näherung die inneren Rotationen. Die externen Rotatoren können wegen der Erhaltung des Drehimpulses nicht alle an der Energieverteilung teilnehmen, oft zählt eine externe Rotation zu den aktiven Freiheitsgraden.

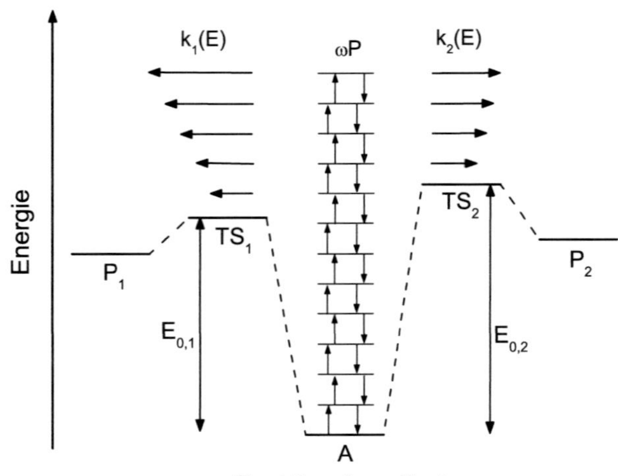


Abbildung 3.7: Schematisches Potentialdiagramm zur Veranschaulichung der thermischen Mastergleichung. Bei zwei möglichen Reaktionen des Reaktanden A über die Übergangszustände $TS_{1/2}$ zu den Produkten $P_{1/2}$ ergibt sich folgende Bilanzgleichung: $dn(E)/dt = -\omega n(E) + \omega \sum_{E'=0}^{\infty} P(E, E')n(E')dE' - k_1(E)n(E) - k_2(E)n(E)$.

$10^{10}$ und $10^{20}$ pro cm$^{-1}$), so dass die eigentlich korrekte Summation über alle Energieniveaus durch ein Integral ersetzt werden kann wie in Gleichung 3.61. In der Praxis werden üblicherweise Energiezustände zwischen $E$ und $E + dE$ zusammengefasst und Gleichung 3.61 wird diskretisiert und in Matrizenschreibweise formuliert:

$$\frac{d\vec{n}}{dt} = \mathbf{J}\vec{n} \tag{3.62}$$

In der Matrix $\mathbf{J}$ sind alle populierenden und depopulierenden Prozesse zusammengefasst. Die Eigenwerte $\lambda_i$ dieser Matrix sind alle negativ. Ist die Relaxation durch Stöße wesentlich schneller als die chemische unimolekulare Reaktion, so sollte der Betrag eines Eigenwertes, $\lambda_0$, wesentlich kleiner sein als der Betrag der übrigen und entspricht der thermischen Geschwindigkeitskonstanten für die Abreaktion der Teilchen A [59, 66].

$$k(T, p) = |\lambda_0| \tag{3.63}$$

Gibt es mehr als einen möglichen Reaktionskanal (zum Beispiel zwei wie in Abbildung

3.7) und ist man an der thermischen Geschwindigkeitskonstante für die Bildung der Produkte $P_1$ oder $P_2$ interessiert, so muss die Verteilung $n(E)$ bzw. der Vektor $\vec{n}$ berechnet werden. Die thermische Geschwindigkeitskonstante für die Produktbildung $k_i(T,p)$ erhält man dann durch Intergration über das Produkt aus der Verteilung $n(E)$ und der spezifischen Geschwindigkeitskonstante für den jeweiligen Kanal $k_i(E)$:

$$k_i(T,p) = \int_0^\infty k_i(E)n(E)dE \tag{3.64}$$

Nur im Hochdruckgrenzfall muss nicht der doch recht komplexe Weg von den spezifischen Geschwindigkeitskonstanten $k(E)$ über die Mastergleichung gewählt werden, um thermische Geschwindigkeitskonstanten $k_\infty(T)$ zu erhalten. Befindet sich die Reaktion im Hochdruckbereich, so kann bei ausgeprägtem Maximum auf dem Energieminimumweg $k_\infty(T)$ direkt über die kanonische Theorie des Übergangszustandes berechnet werden [71, 72]. Da diese Theorie im Rahmen der vorliegenden Arbeit nicht zum Einsatz kam, soll nicht weiter darauf eingegangen werden, es sei auf die Literatur, z.B. die Referenzen [54] und [70], verwiesen. Wenn eine Reaktion nicht über eine deutliche Barriere verläuft, so muss man im Hochdruckgrenzfall zwar $k(E)$ berechnen, die Verteilung $n(E)$ entspricht dann aber einer Boltzmannverteilung und man gelangt mit Gleichung 3.64 leicht zu $k_\infty(T)$.

### 3.5.2 Stoßenergietransfer

In der Mastergleichung 3.61 wird die stoßinduzierte Übertragung von Energie zwischen den Rotations- und Schwingungsfreiheitsgraden des Reaktanden und den Translations-, Rotations- und Schwingungsfreiheitsgraden des Badgases durch ein Produkt aus Stoßhäufigkeit $\omega$ und Stoßübergangswahrscheinlichkeit $P$ beschrieben. (Siehe z.B. [68] oder [59].)

Als Stoßhäufigkeit $\omega$ wird meist die Lennard-Jones-Stoßfrequenz $\omega_{LJ}$ eingesetzt, die proportional zur Badgaskonzentration ist, also bei idealem Verhalten auch proportional zum Druck.

$$\omega_{LJ} = Z_{LJ} \cdot [\mathrm{M}] \tag{3.65}$$

Zur Berechnung der Lennard-Jones-Stoßzahl $Z_{LJ}$ benötigt man die Stoßdurchmesser und die mittlere Relativgeschwindigkeit von Reaktand und Badgas sowie einen Näherungsausdruck für das reduzierte Stoßintegral [73, 74]. Da dieses Integral und auch die Geschwindigkeit der Teilchen temperaturabhängig sind, ist auch $Z_{LJ}$ eine Funktion der Temperatur.

Eine theoretische Beschreibung der Stoßübergangswahrscheinlichkeiten $P(E', E)$ für den Übergang aus einem Niveau mit der Energie $E$ in eines mit der Energie $E'$ ist weitaus schwieriger als die der Stoßfrequenz. Dafür müssten Wechselwirkungen kurzer und langer Reichweite (chemische und physikalische) korrekt beschrieben werden, was auch in heutiger Zeit noch erhebliche Probleme bereitet.

Die genaue Form von $P$ ist für die Mastergleichungsanalyse weniger von Bedeutung als zum Beispiel die im Mittel pro Stoß übertragene Energie

$$\langle \Delta E \rangle = \int_0^\infty (E' - E) P(E', E) dE' \tag{3.66}$$

oder die mittlere quadratische Abweichung

$$\langle \Delta E^2 \rangle = \int_0^\infty (E' - E)^2 P(E', E) dE'. \tag{3.67}$$

Eine weitere charakteristische Größe ist die im Mittel pro Abwärtsstoß übertragene Energie

$$\langle \Delta E \rangle_d = \frac{\int_0^E (E - E') P(E', E) dE'}{\int_0^E P(E', E) dE'}. \tag{3.68}$$

Diese Energien sind vor allem dann hilfreich, wenn man verschiedene Modelle zur Beschreibung der Stoßübergangswahrscheinlichkeiten miteinander vergleichen will.

In der Praxis unterscheidet man zwischen der Übergangswahrscheinlichkeit für Aufwärtsstöße $P_u$ und Abwärtsstöße $P_d$ und formuliert $P_d$ als Produkt aus einem Normierungsfaktor $c(E)$ und einer Funktion $r_d(E', E)$. Diese Funktion variiert je nach angewendetem Modell [59, 66, 69, 75]. Besonders häufig werden das Exponential-down-Modell oder wie in der vorliegenden Arbeit das Stepladder-Modell [76] eingesetzt.

Im Stepladder-Modell sind nur Stoßübergänge mit einer bestimmten festen Energiedifferenz $\Delta E_{SL}$ erlaubt, für $r_d(E', E)$ wird eine Diracsche Deltafunktion eingesetzt. Über das detaillierte Gleichgewicht

$$P(E', E) f(E) = P(E, E') f(E') \tag{3.69}$$

mit der Boltzmannverteilung[11] $f(E)$ und der Normierungsbedingung

$$P(E_{j-1}, E_j) + P(E_{j+1}, E_j) = 1 \tag{3.70}$$

ist bei festgelegter Wahrscheinlichkeit für deaktivierende Stöße $P_d$ auch die Wahrscheinlichkeit für die aktivierenden Stöße eindeutig bestimmt. Bei mit steigender Energie abnehmender Niveaubesetzung ist wegen Gleichung 3.69 $P_d$ immer größer als $P_u$.

Mit dem Stepladder-Ansatz ist die mittlere pro Abwärtsstoß übertragene Energie gleich $\Delta E_{SL}$:

$$\langle \Delta E \rangle_d = \Delta E_{SL} \tag{3.71}$$

und

$$\langle \Delta E \rangle \approx -\Delta E_{SL} \tanh\left(\frac{\Delta E_{SL}}{2F_E k_B T}\right) \tag{3.72}$$

mit der Boltzmannkonstante $k_B$ und dem Faktor $F_E$, der die Energieabhängigkeit der Zustandsdichte beschreibt.

Bei den für die vorliegende Arbeit durchgeführten Berechnungen von $k(T, p)$ wurde $\Delta E_{SL}$ als Fitparameter eingesetzt (siehe Kapitel 6.3.2 und 7.3.2). Letztendlich wurde derjenige Wert für $\Delta E_{SL}$ gewählt, mit dem die experimentell bestimmten Ergebnisse am besten beschrieben werden konnten.

### 3.5.3 Spezifische Geschwindigkeitskonstanten

Die in der Mastergleichung 3.61 benötigte spezifische Geschwindigkeitskonstante $k(E)$ kann mit Hilfe statistischer Theorien unimolekularer Reaktionen berechnet werden. Dabei werden folgende zentrale Annahmen getroffen:

- Ergoden-Hypothese: Die Umverteilung der Energie zwischen den inneren Freiheitsgraden ist schnell im Vergleich zur Reaktion, die Energie ist statistisch auf die inneren Freiheitsgrade verteilt[12].

- Es gibt eine kritische Konfiguration (Übergangszustand), bei deren Erreichen die Moleküle nicht mehr zurück in die Eduktkonfiguration können, sondern irreversibel zu den Produkten weiterreagieren. Strukturell liegt diese Konfiguration irgendwo zwischen Reaktanden und Produkten.

---

[11] $f(E) = \rho(E) \cdot \exp[-E/(k_B T)]$

[12] Die Umverteilung erfolgt nur dann schnell, wenn die Kopplung der Freiheitsgrade untereinander stark genug ist. Nur bei sehr geringen Zustandsdichten ist dies nicht der Fall.

Da in der Realität ein mehrmaliges Überschreiten des Übergangszustandes (er bildet eine Fläche im Phasenraum, die die Edukte von den Produkten separiert) sehr wohl möglich ist, folgt aus der zweiten Annahme, dass so berechnete Geschwindigkeitskonstanten immer nur eine Obergrenze der tatsächlichen Geschwindigkeitskonstante darstellen.

Weitere in den statistischen Theorien getroffene (vereinfachende) Annahmen und geltende Postulate sind:

- Die Bewegung entlang der Reaktionskoordinate kann von den anderen Freiheitsgraden separiert und als Translation beschrieben werden.

- Die Bewegung der Kerne ist von der der Elektronen separierbar (Born-Oppenheimer Näherung).

- Alle Zustände einer bestimmten Konfiguration mit gleicher Energie haben auch die gleiche Besetzungswahrscheinlichkeit.

Die spezifische Geschwindigkeitskonstante kann wie folgt berechnet werden:

$$k(E) = L\frac{W(E)}{h\rho(E)}. \tag{3.73}$$

Dabei ist $h$ das Plancksche Wirkungsquantum, $\rho(E)$ die Zustandsdichte des Reaktanden bei der Energie $E$ und $W(E)$ die Summe aller Zustände in der kritischen Konfiguration mit einer Energie kleiner oder gleich $E$. $L$ ist die Reaktionswegentartung, die aus den Symmetriezahlen und der Anzahl optischer Isomere in Reaktand und kritischer Konfiguration berechnet wird (siehe [77, 59]). $L \cdot W(E)$ kann man sich als Anzahl offener Reaktionskanäle vorstellen und $1/(h\rho(E))$ als Geschwindigkeitskonstante für einen einzelnen Reaktionskanal.

$W$ und $\rho$ und somit auch die spezifischen Geschwindigkeitskonstanten sind wie schon erwähnt eigentlich nicht nur Funktionen der Energie, sondern auch der Drehimpulsquantenzahl $J$. Für viele Anwendungen ist allerdings eine Berechnung der spezifischen Geschwindigkeitskonstante für das im jeweiligen Temperaturbereich vorliegende mittlere $J$ ausreichend genau. Deshalb wird hier immer nur die Energieabhängigkeit dieser Größen betrachtet.

Wie gut die berechneten Werte für die spezifische Geschwindigkeitskonstante sind, hängt stark von der Wahl der kritischen Konfiguration ab, für die die Summe der Zustände berechnet wird. Dabei ist zuallererst darauf zu achten, ob es im Potential entlang der Reaktionskoordinate[13] ein ausgeprägtes Maximum gibt. Ist dies wie in Abbildung 3.8 links der Fall, so spricht man von einem starren Übergangszustand. Dieser hat im Vergleich zu einem lockeren Übergangszustand (kein deutliches Energiemaximum) eine höhere Aktivierungsentropie und damit einen kleineren präexponentiellen Faktor $A$ in der Arrheniusgleichung zur Folge. Das heißt, dass experimentell ermittelte Ausdrücke für die Geschwindigkeitskonstante Hinweise auf das Potential in der Umgebung der kritischen Konfiguration liefern können.

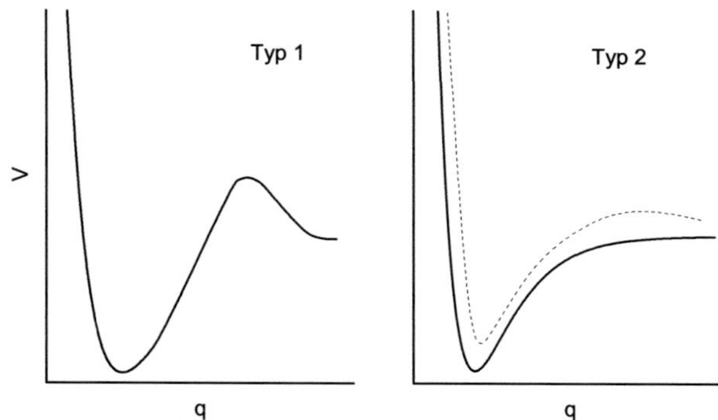


Abbildung 3.8: Schematische Auftragung der potentiellen Energie $V$ gegen die Reaktionskoordinate $q$. Links: Typ-1-Potential, rechts: Typ-2-Potential (unterbrochene Linie: Potential für $J > 0$ mit Zentrifugalbarriere).

### RRKM-Theorie

Liegt ein ausgeprägtes Energiemaximum entlang der Reaktionskoordinate vor, also ein starrer Übergangszustand, so wird das Potential als Typ-1-Potential bezeichnet und $k(E)$ kann mit Hilfe der sogenannten RRKM-Theorie berechnet werden. In den 1920er Jahren wurde von Rice, Ramsperger [78] und Kassel [79, 80] die RRK-Theorie entwickelt, die erst gute 20 Jahre später mit der Hilfe von Marcus zur RRKM-Theorie erweitert wurde [81, 82, 83].

Die RRKM-Theorie ist das mikrokanonische Analogon zur kanonischen Theorie des Übergangszustandes, mit der $k(T)$ im Hochdruckgrenzfall berechnet werden kann [71, 72]. Es wird angenommen, dass das mikrokanonische Ensemble während der Reaktion erhalten bleibt. Der Übergangszustand bildet einen Sattelpunkt in der Potentialfläche,

---

[13]Also im Energieminimumweg von den Reaktanden zu den Produkten durch die $(n + 1)$-dimensionale Potentialfläche ($n$: Anzahl innerer Freiheitsgrade).

ein Maximum in Bezug auf die Reaktionskoordinate und ein Minimum in Bezug auf alle anderen Koordinaten. Die Schwingungsfrequenz, die der Reaktionskoordinate zugeordnet werden kann, ist im Übergangszustand aufgrund der negativen Krümmung des Potentials imaginär, die zugehörige Schwingung wird als Translation behandelt.

Der Übergangszustand ist hier klar lokalisierbar und somit auch die Konfiguration, für die die Summe der Zustände ausgezählt werden muss. Die größte Fehlerquelle für die Berechnung der Geschwindigkeitskonstante liegt meist in der Schwellenenergie, also der Energiedifferenz zwischen elektronischer Energie und Nullpunktsschwingungsenergie von Übergangszustand und Reaktand.

### SACM-Theorie

Weist die potentielle Energie entlang der Reaktionskoordinate im Rotationsgrundzustand, also für $J = 0$, kein Maximum auf, so spricht man von einem lockeren Übergangszustand und einem Potential vom Typ 2. Mit zunehmender Rotationsanregung bilden sich Zentrifugalbarrieren aus. Die Berechnung der benötigten Summe der Zustände ist dadurch erschwert, dass die kritische Konfiguration nicht eindeutig definiert ist. Das Modell der adiabatischen Reaktionskanäle (SACM: statistical adiabatic channel model) bietet dann einen möglichen Weg zur Berechnung von $k(E)$ [84].

Bei einer SACM-Rechnung müssen zuerst alle adiabatischen Reaktionskanäle berechnet werden. Das heißt man konstruiert Potentialkurven, die miteinander korrelierte Edukt- und Produktzustände verbinden. Die Quantenzahlen der Reaktanden bleiben entlang des gesamten Reaktionspfades erhalten[14]. Überschreitet die Energie eines Reaktionskanals die Gesamtenergie $E$, so ist dieser Kanal geschlossen. Nur wenn die gesamte adiabatische Potentialkurve energetisch unterhalb der Gesamtenergie $E$ bleibt, so kann eine Reaktion über diesen Kanal erfolgen, er ist offen. Die in Gleichung 3.73 benötigte Summe der Zustände $W(E)$ ergibt sich durch Auszählen der für die Energie $E$ offenen Reaktionskanäle.

Da es sehr schwierig ist, solche Potentialkurven exakt zu berechnen, schlug Troe vor, das Potential zwischen den Reaktanden- und Produktzuständen durch Morsefunktionen anzunähern und die Eigenzustände mit einer Exponentialfunktion mit der Abklingkonstante $\alpha$ zu interpolieren [85, 86]. Diese vereinfachte (simplified) Methode wird s-SACM genannt. Die Energie $V_\alpha$ der Reaktionskanäle entlang der Reaktionskoordinate $q$ setzt

---

[14]Für einen Teil der Freiheitsgrade bleiben die individuellen Quantenzahlen erhalten, für mit Rotationen gekoppelte werden zusammenfassende Quantenzahlen gebildet.

sich dabei zusammen aus einem Morse-Potential $V(q)$ und einer sogenannten Interpolationsfunktion $E_\alpha(q)$.

$$V_\alpha(q) = V(q) + E_\alpha(q) \tag{3.74}$$

Das Morse-Potential, dessen Minimum in $q_e$ liegt ($V(q_e) = 0$), ist gegeben durch

$$V(q) = D_e[1 - \exp(\beta(q_e - q))]^2. \tag{3.75}$$

Aus der Differenz der elektronischen Energien von Produkten und Reaktand $D_e$ kann mit den Nullpunktsschwingungsenergien $E_{ZP}$ die Reaktionsenthalpie $\Delta H^0$ bei 0 K berechnet werden ($\Delta H^0(0K) = D_e + E_{ZP}(Produkte) - E_{ZP}(Edukte)$). Der Morseparameter $\beta$ ist abhängig von der Kraftkonstanten $f$ im Potentialminimum und von $D_e$:

$$\beta = \sqrt{\frac{f}{2D_e}} \tag{3.76}$$

Die Kanaleigenwerte $E_\alpha(q)$ erhält man durch Interpolation zwischen den Eigenwerten $E_\alpha(q_e)$ der Reaktandenzustände und den Eigenwerten $E_\alpha(\infty)$ der Produktzustände. Sie sind abhängig vom Interpolationsparameter $\alpha$ (auch *Looseness*-Parameter genannt):

$$E_\alpha(q) = E_\alpha(q_e) \exp\left[-\alpha(q - q_e)\right] + E_\alpha(\infty)\{1 - \exp\left[-\alpha(q - q_e)\right]\} + E_{cent}(q) \tag{3.77}$$

$E_{cent}(q)$ ist dabei die Zentrifugalenergie.

Das Potential der adiabatischen Reaktionskanäle wird zwischen Reaktanden und Produkten charakterisiert durch Parameter der Reaktanden und Produkte und durch das Verhältnis vom Interpolationsparameter zum Morseparameter, $\alpha/\beta$. Für einfache Bindungsbruchreaktionen liegt dieses Verhälnis meist zwischen 0,3 und 0,6 [87]. Es sagt auch etwas über die Lage des Maximums auf der Reaktionskoordinate aus. Für kleine Werte von $\alpha/\beta$ ist die kritische Konfiguration sehr eduktähnlich, also sehr starr. Mit wachsendem $\alpha/\beta$ wird die kritische Konfiguration immer lockerer und produktähnlicher. In den Grenzfällen, wenn $\alpha/\beta = 0$ oder $\alpha/\beta \to \infty$ (bzw. $\alpha/\beta$ zwischen 1 und 2), erhält man ein Verhalten wie es mit der RRKM- bzw. der Phasenraumtheorie[15] beschrieben werden kann.

Es ist allgemein üblich das Verhältnis $\alpha/\beta$ so zu wählen, dass die experimentellen Ergebnisse am besten beschrieben werden können.

---

[15]In der Phasenraumtheorie ist die kritische Konfiguration identisch mit den Produkten, $W(E)$ wird für die Produkte bestimmt.

**Zustandsdichte und Summe der Zustände**

Da die Zustandsdichte $\rho(E)$ und die Summe der Zustände $W(E)$ über den Zusammenhang

$$\rho(E) = \frac{dW(E)}{dE} \qquad (3.78)$$

miteinander verknüpft sind, können beide prinzipiell mit denselben Methoden bestimmt werden.

Die Kopplung zwischen verschiedenen Freiheitsgraden ist meist so gering, dass sie keinen großen Einfluss auf die Zustandsdichte hat. Man kann dann die Freiheitsgrade als separiert betrachten und die Gesamtzustandsdichte ergibt sich aus einer Faltung der Zustandsdichten der einzelnen Freiheitsgrade. Beyer und Swinehart entwickelten einen sehr effizienten Algorithmus zum direkten Auszählen der Schwingungszustände eines Ensembles harmonischer Oszillatoren [88]. Schwingungsfreiheitsgrade bilden den Hauptanteil aktiver Freiheitsgrade, tragen also auch am meisten zur Zustandsdichte bei. Mit der Whitten-Rabinovitch-Näherung existiert ein sehr schnelles semiklassisches Verfahren zur Bestimmung der Zustandsdichte für Rotations- und Schwingungsfreiheitsgrade [89, 90]. Der Unterschied zur exakten Auszählung ist nur bei geringen Energien, bei denen die eigentliche Zustandsdichte deutliche Diskontinuitäten zeigt, ausgeprägt. Dort erhält man mit dem Whitten-Rabinovitch-Verfahren einen geglätteten Verlauf. Heutzutage kann aufgrund der hohen Rechenleistung der Computer meist auf Näherungsverfahren wie das von Whitten und Rabinovitch verzichtet werden.

# 4 Experimenteller Aufbau

## 4.1 Stoßrohr und Gasmischsystem

Alle Experimente wurden in dem in Abbildung 4.1 gezeigten Edelstahlstoßrohr hinter der reflektierten Stoßwelle durchgeführt. Hoch- und Niederdruckteil sind vor dem Experiment durch eine Aluminiumfolie voneinander getrennt. Die Innenwand beider Stoßrohrteile ist poliert (gehont).

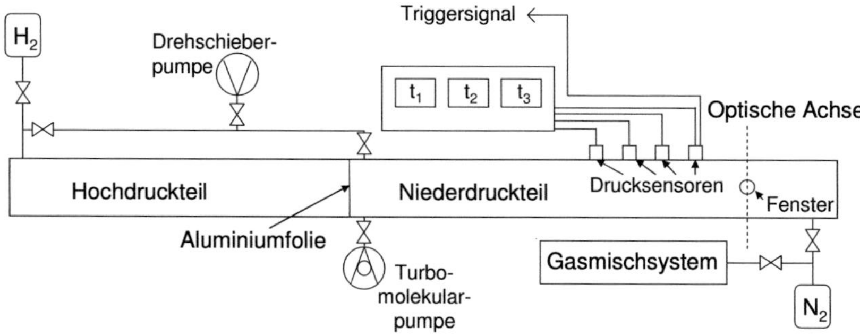


Abbildung 4.1: Schematischer Aufbau des Stoßrohres

Der Niederdruckteil ist etwa 4,25 m lang, hat einen Innendurchmesser von 10 cm und eine Wandstärke von circa 1 cm. Der Hochdruckteil ist mit einer Länge von 3,05 m etwas kürzer. Er besitzt einen Innendurchmesser von 9,85 cm und eine etwa 1,3 cm dicke Wand. An seinem Ende befindet sich ein Flanschverschluss mit Vitondichtungsring, der mit zwei Hebelschrauben verschlossen wird. Der Hochdruckteil ist auf Rollen befestigt, die wiederum auf Metallschienen lagern. So können Aluminiumfolien mit Hilfe eines Schnellverschlusses zwischen den zwei Stoßrohrteilen eingeklemmt werden. Zur Abdichtung werden auch hier Vitonringe verwendet.

Vor jedem Experiment wird das Stoßrohr auf einen Druck von etwa $10^{-6}$ mbar evakuiert. Als Vorpumpe dient eine Drehschieberpumpe (Pfeiffer Vakuum, DUO 005 M oder Alcatel, Pascal 2021 SD). Eine Katalysatorfalle (Balzers, Typ URB 025) verhindert die Diffusion von Öldämpfen in das Stoßrohr. Ist ein Druck von weniger als $1 \cdot 10^{-1}$ mbar erreicht, so wird die Drehschieberpumpe geschlossen und eine Turbomolekularpumpe (Pfeiffer Vakuum, TMU 260) zugeschaltet. Zur Erzeugung des Vorvakuums für die Turbopumpe ist eine weitere Drehschieberpumpe (Pfeiffer Vakuum, Typ DUO 004 B) über eine Katalysatorfalle (Balzers, URB 025) mit ihr verbunden. Der so erreichbare minimale Druck liegt bei etwa $1 \cdot 10^{-7}$ mbar.

Es befinden sich vier Druckaufnehmer an verschiedenen Stellen des Stoßrohres. Eine Kathodenmessröhre (Balzers, Typ IKR020), die für Drücke kleiner als $5 \cdot 10^{-3}$ mbar ausgelegt ist, wird zur Bestimmung des Druckes bei zugeschalteter Turbomolekularpumpe verwendet. Das Vorvakuum wird mit Hilfe einer Pirani-Messröhre (Balzers, Typ TPR010) bestimmt, deren Messbereich von $10^{-3}$ bis 100 mbar reicht. Im Niederdruckteil wird zur Messung des Einfülldruckes des Testgases ein Baratron-Absolutmessgerät (MKS, 622AX13MDE) verwendet. Es misst gasartunabhängig Drücke von etwa $10^{-3}$ bis 1000 mbar mit einer Genauigkeit von 0,25 % (bezogen auf den gemessenen Druck). Mit einem zweiten Baratron-Absolutmessgerät (MKS, 122A), das für Drücke zwischen 1 bar und 30 bar ausgelegt ist, kann der Druck des Treibgases im Hochdruckteil verfolgt werden.

Zum Einlassen des Wasserstoffes, der in der vorliegenden Arbeit als Treibgas verwendet wurde, befindet sich am Ende des Hochdruckteils ein elektropneumatisches Ventil (B.E.S.T. Fluidsysteme GmbH), das durch einen Faltenbalg geschlossen wird. Das Ventil kann mit Druckluft, die bei Betätigung eines Fußpedals einströmt, geöffnet werden. Nach jedem Experiment müssen die Reste der zerplatzten Aluminiumfolie aus dem Stoßrohr entfernt werden. Dazu kann bei geöffneter Endplatte über ein Ventil am gegenüberliegenden Ende des Stoßrohres, am Stoßrohrkopf, Stickstoff mit etwa 20 bar Gegendruck durch das gesamte Stoßrohr geblasen werden.

Im Stoßrohrkopf erfolgt der Nachweis der interessierenden Spezies, in der sogenannten optischen Achse. Dort sind vier Fenster in das Edelstahlrohr eingelassen, oben, unten und an beiden Seiten. Sie ermöglichen es, Licht sowohl horizontal als auch vertikal senkrecht zur Rohrachse durch das Stoßrohr zu leiten. Die Fensterhalterungen haben einen Innendurchmesser von 1 cm. Bei allen für die vorliegende Arbeit durchgeführten Experimenten fand die Detektion durch die zwei seitlichen Fenster statt. Es wurden zwei Stoßrohrköpfe verwendet, die sich allerdings nur in ihrer Länge geringfügig unterscheiden.

Die Geschwindigkeit der einfallenden Stoßwelle wird durch ortsabhängige Detektion der verursachten Druckänderung bestimmt. Dazu sind in den Niederdruckteil jeweils im Abstand von 40 cm vier piezoresistive Drucksensoren (Kistler, Typ 603B) eingelassen. Der letzte Drucksensor ist je nach Stoßrohrkopf 10,5 cm oder 12,2 cm von der Beobachtungsachse und 15,8 cm oder 19,2 cm von der Endplatte entfernt. Die Drucksensoren bestehen aus Siliziummesszellen mit eindiffundierten druckabhängigen Widerständen, die in eine Wheatstonesche Brücke eingeschaltet sind. Passiert die Stoßfront einen der Drucksensoren, so kommt es durch den plötzlichen Druckanstieg zum Verstimmen der Messbrücke und somit zu einem elektrischen Signal. Dieses Ausgangssignal wird in einen TTL-Impuls umgewandelt, der einen Zeitzähler triggert. Bei sehr hohen Temperaturen, also schnellen Stoßfronten, und hohen Drücken werden die Zeitzähler teilweise nicht korrekt ausgelöst. Deshalb wurden für die Messungen zum NCN-Zerfall bei etwa 4 bar die Spannungssignale der schnellen Drucksensoren mit einem Oszilloskop aufgenommen und ausgewertet. Aus den erhaltenen vier Signalen, also drei Messzeiten, und den bekannten Abständen zwischen den Drucksensoren kann die Geschwindigkeit der einfallenden Stoßwelle berechnet werden.

Durch Variation der Stärke der Aluminiumfolie und des Einfülldruckes des Analysengases im Niederdruckteil können Druck und Temperatur hinter den Stoßwellen in weiten Bereichen variiert werden. Je niedriger der Ausgangsdruck des Testgases ist, umso höher sind die erreichten Temperaturen, und je dicker die Membran, umso höher die erreichten Drücke. Für diese Arbeit wurden 30 $\mu$m und 100 $\mu$m dicke Folien verwendet, die zu einem mittleren Druck von etwa 1,5 und 4 bar hinter der reflektierten Stoßwelle führten. Bei gleicher Folienstärke und höherer Temperatur, also geringerem Einfülldruck des Testgases, sinkt der erreichte Druck leicht.


Zur möglichst genauen Bestimmung von Geschwindigkeitskonstanten aus den in dieser Arbeit durchgeführten kinetischen Messungen war die Kenntnis der exakten Zusammensetzung des Messgases von enormer Bedeutung. Die Gasmischungen wurden mit dem in Abbildung 4.2 schematisch gezeigten Mischsystem hergestellt.

Die hochverdünnten Mischungen wurden in zwei Edelstahlkesseln mit einem Volumen von je etwa 100 l aufbewahrt. Die Kessel werden mit zwei Turbomolekularpumpen (Pfeiffer Balzers, Typ TPU170 bzw. Edwards, Typ EXT255H) evakuiert, denen eine gemeinsame Drehschieberpumpe (Edwards, Typ RV8) vorgeschaltet ist. So sind Drücke von etwa $10^{-7}$ mbar erreichbar. Der Druck in den Kesseln kann mit kombinierten Kaltkathoden- und Piranimessgeräten (Pfeiffer Balzers, Typ PKR 251) bestimmt werden, deren Messbereich zwischen $5 \cdot 10^{-9}$ und 1000 mbar liegt.

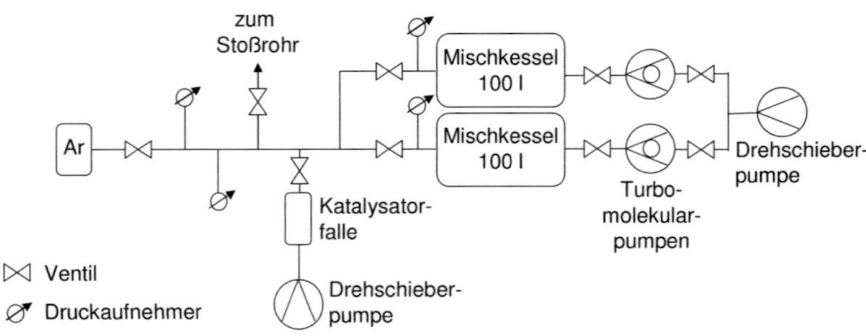


Abbildung 4.2: Schematische Darstellung des Gasmischsystems

Die Kessel sind über das Gasmischsystem, ein 35 cm langes Edelstahlrohr mit 7 Klein-flanschanschlüssen, mit dem Stoßrohr verbunden. Meist sind neben den beiden Kesseln eine Argonflasche, zwei Druckaufnehmer und eine Drehschieberpumpe angeschlossen. Zwischen Drehschieberpumpe (Pfeiffer Vakuum, DUO 005 M) und Mischsystem befin-det sich eine Katalysatorfalle (Balzers, Typ URB 025), die verhindert, dass Öldämpfe in das Gasmischsystem diffundieren oder abgepumpte Stoffe sich in der Pumpe festset-zen. Mit dieser Pumpe kann das Mischsystem bis auf etwa $5 \cdot 10^{-3}$ mbar evakuiert wer-den. Der Partialdruck der Probesubstanz wird mit einem Baratron-Drucksensor (MKS, 626AX02MDE) gemessen, der für einen Druckbereich von $10^{-5}$ bis 2 mbar geeignet ist (Genauigkeit: 0,25 % des Messwertes). Nach dem Einlassen des Badgases wird der Druck mit einem zweiten Druckaufnehmer (MKS, 626AX13MDE) bestimmt, dessen Eignungs-bereich zwischen 0,1 und 1 bar liegt. Meist werden Mischungen mit einem Gesamtdruck von etwa 1 bar hergestellt. Vor dem Verwenden der Mischungen werden diese für mindes-tens 15 Stunden ruhen gelassen, um eine vollständige Durchmischung zu gewährleisten. Der Fehler in der Konzentration der so hergestellten Mischungen wird auf maximal 5 % geschätzt.

## 4.2 Der ARAS-Aufbau

Zur quantitativen Detektion von C- (und N-)Atomen wurde die Atomresonanzabsorp-tionsspektroskopie (ARAS) verwendet. Dazu wurde eine Gasentladungslampe am Stoßrohrkopf angebracht. Das emittierte UV-Licht passiert das Stoßrohr durch zwei Magnesiumfluoridfenster, durchläuft zur Wellenlängenselektion einen Monochromator und trifft dann auf einen Photomultiplier. Das entstandene Spannungssignal wird an ein digitales Oszilloskop weitergeleitet und gespeichert.

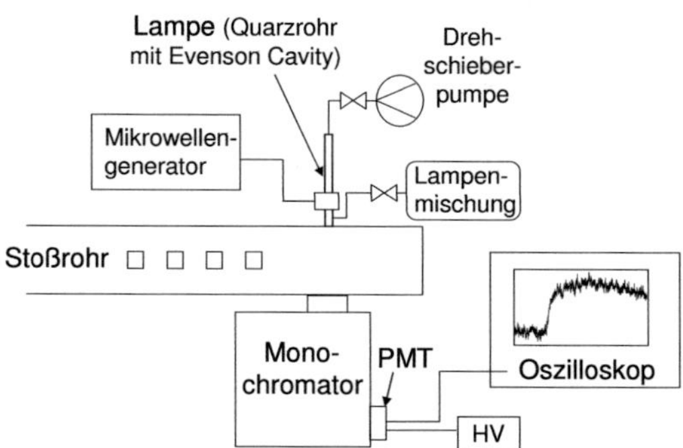


Abbildung 4.3: Schematischer Aufbau für ARAS-Messungen am Stoßrohr

Die ARAS-Lampe besteht aus einem Quarzröhrchen (Vogelsberger, Länge ca. 12 cm, Innendurchmesser 1 cm), das von einer Gasmischung durchströmt wird. Diese Lampenmischung, etwa 1 % CO (oder $N_2$) in He, wird in einem Stahlzylinder aubewahrt und mit einer Drehschieberpumpe (Pfeiffer Vakuum, Duo 005M) durch das Quarzröhrchen gepumpt. Ein Nadelventil am Zylinder dient der Regulierung des Flusses und somit auch der des Innendruckes der Lampe. Mit einem Druckaufnehmer (Pfeiffer Vakuum, TPG 621) wird der Druck kontrolliert und er wird bei den Messungen möglichst konstant auf ungefähr 8 mbar gehalten. Mikrowellenstrahlung mit einer Frequenz von 2,45 GHz und einer Leistung von etwa 150 Watt wird von einem Mikrowellengenerator (Muegge, MW-GPR YJ 1511-300-01) erzeugt und über eine am Quarzröhrchen möglichst nah am Stoßrohr befestigte Evenson Cavity durch die Lampenmischung geleitet. Moleküle im durchströmenden Gas werden angeregt und emittieren bei der Relaxation UV-Strahlung. Die ARAS-Lampe wird mit Druckluft gekühlt.

In den Stoßrohrkopf sind Magnesiumfluoridfenster eingelassen (Korth Kristalle, Durchmesser: 12 mm, Dicke: 2 mm), die eine gute Durchlässigkeit für UV-Licht zeigen. Um die Zeitauflösung der Experimente zu verbessern, sind an beiden Fensterhalterungen senkrechte 1-mm-Spalte angebracht. Die reflektierte Stoßwelle benötigt etwa 2 $\mu$s, um eine Strecke von 1 mm Länge, also das Volumen, in dem sich die absorbierende Atome befinden, zu durchlaufen. Um zu vermeiden, dass Vorläufermoleküle in der Testgasmischung durch zu lange Exposition mit UV-Strahlung photolysiert werden, ist vor dem Eintrittsfenster eine bewegliche Blende befestigt, die erst kurz vor den Stoßwellenexperimenten geöffnet wird.

Das gesamte Detektionssystem wird mit einer Turbomolekularpumpe (Balzers, PM P02) permanent evakuiert ($p < 10^{-5}$ mbar). Es besteht aus einem über einen Metallbalg am Stoßrohr befestigten Czerny-Turner-Monochromator (Acton Research Corporation, Spectra Pro VM-504) und einem Photomultiplier (PMT, Hamamatsu, R1259) mit Hochspannungsversorgung (HV, Stanford Research Systems, PS325). Das vom Photomultiplier an ein Oszilloskop (Tektronix, TDS 5104B) geleitete Spannungssignal wird gespeichert und kann am Computer ausgewertet werden.

## 4.3 Das FM-Spektrometer

Für die vorliegende Arbeit wurde ein FM-Spektrometer aufgebaut, kalibriert und an das Stoßrohr gekoppelt, mit dem quantitativ und zeitaufgelöst $NH_2$-Radikale durch Absorption bei ca. 600 nm nachgewiesen wurden. Der Aufbau mit seinen optischen Komponenten und der FM-Elektronik ist schematisch in Abbildung 4.4 gezeigt. Eine genauere Beschreibung zur Einstellung einiger Komponenten ist im Kapitel 5.1 zu finden.

Als Nachweislaser diente ein Farbstoffringlaser (Coherent, 899-21), der von einem Argonionenlaser (Coherent, Innova Sabre R DBW 15/3) gepumpt wird. An den Farbstofflaser werden bezüglich Linienbreite und Stabilität für die Frequenzmodulationsspektroskopie höchste Anforderungen gestellt. Eine schematische Abbildung und eine Beschreibung der Funktionsweise eines ähnlichen Farbstofflasers findet sich in Referenz [91]. Der Pumpstrahl (514,5 nm, polarisiert) trifft im Farbstofflaser auf einen Flüssigkeitsfreistrahl aus Ethylenglykol (Roth, $\geq$ 99,5 %), Methanol (Roth, $\geq$ 99 %) und darin gelöstem Rhodamin 6G (Radiant Dyes Laser and Accessories). Durch wellenlängenselektierende und stabilisierende Elemente[1] und der Realisierung eines Ringresonators mit Faraday-Isolator wird eine spektrale Breite des erzeugten Laserlichtes von etwa 500 kHz erreicht. Durch die Elektronik des Lasers kann eine Brewsterplatte, die sich vor dem Auskoppelspiegel befindet, leicht verkippt und so die Resonatorlänge geringfügig geändert werden. Dadurch ist eine Durchstimmung der Wellenlänge um bis zu 30 GHz, das entspricht etwa 0,035 nm bei 600 nm, ohne Modensprünge möglich.

---

[1] Zum Beispiel ein Lyot-Filter, zwei verschieden dicke Etalons und die Verwendung eines Vergleichsnormals in Verbindung mit einem auf einem Piezokristall gelagerter Spiegel zur Nachregelung des Resonatorabstandes.

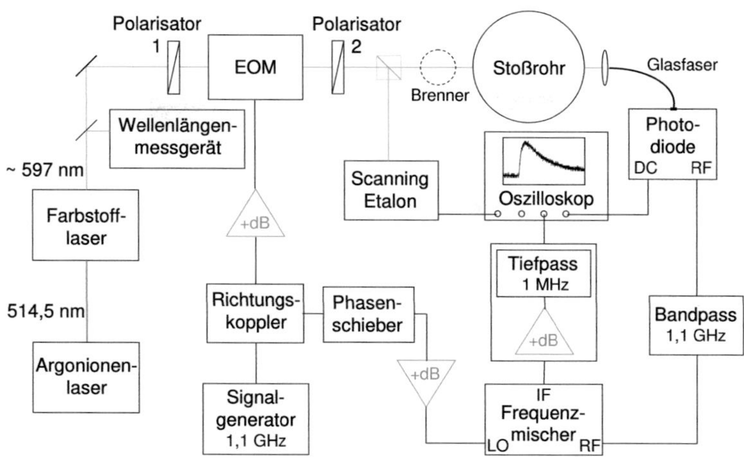



Abbildung 4.4: Blockschema des FM-Spektrometers

Die Wellenlänge des erzeugten schmalbandigen Laserlichtes wurde mit einem Wellen-längenmessgerät (Bristol Instruments, 621B-VIS) interferometrisch auf $6 \cdot 10^{-4}$ nm genau bestimmt. Die Genauigkeit des Messgerätes wurde mit Hilfe der Absorptionsbanden einer mit Iod befüllten Glaszelle überprüft (Druck in der Zelle $\approx$ Dampfdruck des Iods). Das Licht durchläuft einen Polarisator (New Focus, Vis Glan-Thompson Polarizer 5514) und einen elektrooptischen Modulator (EOM, New Focus, 4421M, $MgO{:}LiNbO_3$), in dem es mit einer Modulationsfrequenz von 1,1 GHz phasenmoduliert wird. Das heißt, es ent-stehen in einem Abstand von 1,1 GHz (ca. 0,0013 nm bei 600 nm), 2,2 GHz u.s.w. zur Hauptbande Seitenbanden unterschiedlicher Intensität. Die Intensität und Anzahl der erzeugten Banden hängt von der Leistung ab, mit der ein Frequenzgenerator (Rohde und Schwarz, SML02) den Modulator speist.

Das vom Signalgenerator erzeugte 1 dBm starke 1,1-GHz-Sinussignal wird über einen Richtungskoppler (Mini Circuits, ZFDC-10-5) aufgetrennt. Der kleinere Anteil des Si-gnals wird zur Demodulation im Frequenzmischer benötigt. Der andere Teil wird variabel um mindestens 10 dB abgeschwächt, um konstante 37 dB verstärkt (Mini Circuits, ZHL-0812HLN) und dann auf den Modulator gegeben. Am Modulator wurde so eine Eingangs-leistung von maximal 26,2 dBm erreicht. Durch kombiniertes Einsetzen verschiedener Ab-schwächer (Mini Circuits, SAT-1, VAT-3+ und VAT-10+) kann die Versorgungsleistung und somit die Modulationstiefe variiert werden. Ein Spektrum des modulierten Lichtes wird mit Hilfe eines Scanning Etalons (Coherent, Fabry-Perot-Interferometer 240-1B) mit einem freien Spektralbereich von 7,5 GHz und einer Finesse von über 200 aufgenommen[2].

Im Strahlengang des Lichtes befindet sich direkt hinter dem EOM ein weiterer Polarisator, der zur Einstellung des Demodulationsphasenwinkels und der Kristallebene des elektrooptischen Modulators benötigt wird (Siehe Kapitel 5.1). Das modulierte Laserlicht durchläuft das Stoßrohr durch zwei Suprasilfenster (Heraeus, Durchmesser: 12 mm, Dicke: 2 mm), wird mit einer Linse in eine 80 cm lange optische Faser (Laser Components, HCG-M0940T, beidseitig optisch poliert) fokussiert und auf eine Photodiode (New Focus, High-Speed Photoreceiver 1601) geleitet. Zur genauen Wellenlängeneinstellung des Lasers befindet sich vor dem Stoßrohr ein wassergekühlter Flachflammenbrenner (Holthuis and Associates, Standard Water Cooled 316 Stainless Steel Burner, Durchmesser: 6 cm), mit dem in einer vorgemischten $NH_3/O_2$-Flamme stationäre Konzentrationen von $NH_2$-Radikalen erzeugt werden können.

Das entstandene Signal wird von der Photodiode in eine Gleichstrom- ($\nu < 20$ kHz) und eine Wechselstromkomponente ($\nu > 30$ kHz) zerlegt, beide Komponenten werden verstärkt. Das Geichstromsignal kann ohne weitere Verarbeitung auf einem digitalen Oszilloskop (Tektronix, TDS5104B) angezeigt und gespeichert werden. Der Wechselstromanteil wird mit einem Bandpassfilter (Trilithic, Tunable Bandpass Filter 5VF750/1500-5-50-AA) bei der Modulationsfrequenz von 1,1 GHz gefiltert. Dadurch wird auch durch Schwankungen in der Laserenergie erzeugtes niederfrequentes Rauschen eliminiert. Das mit 1,1 GHz oszillierende Signal wird dann in den RF-Eingang eines Frequenzmischers (Mini Circuits, ZFM-2000-SMA) geleitet, in dem es homodyn demoduliert wird. Dazu wird ein Teil des Signals des Frequenzgenerators vom Richtungskoppler abgetrennt, um etwa 21 dB verstärkt (Mini Circuits, ZFL-2000 und SAT-1) und über den LO-Eingang in den Mischer gegeben. Seine Phase kann mit Hilfe eines Phasenschiebers (Lorch Microwave, VP-360-1100-220-S) angepasst werden. Das am IF-Anschluss erhaltene Signal wird, bevor es wie das Gleichstromsignal im Oszilloskop gespeichert werden kann, mit einem Vorverstärker (Stanford Research Systems, SR560) zuerst 1000-fach (oder 100-fach) verstärkt und dann mit 1 MHz tiefpassgefiltert, was zu einer elektronischen Zeitauflösung von 1 $\mu s$ führt.

Die Zeitauflösung der kinetischen Messungen wird dann durch die Dauer, die die Stoßwelle benötigt, um den Laserstrahl zu passieren, begrenzt. Bei einem Strahldurchmesser

---

[2]Die Finesse ist das Verhältnis von freiem Spektralbereich und minimaler Halbwertsbreite der Transmissionspeaks.

von 1 bis 2 mm sind das typischerweise zwischen 2 und 5 $\mu$s. Ist der Laserstrahl nicht genau senkrecht zur Rohrachse justiert, so verschlechtert sich die Zeitauflösung.

# 5 Aufbau und Test des FM-Spektrometers

## 5.1 Auslegung, Optimierung und Charakterisierung des FM-Aufbaus

Da das FM-Spektrometer für die vorliegende Arbeit konzipiert und von Grund auf neu aufgebaut wurde, wird im Folgenden relativ ausführlich auf einige wesentliche Punkte eingegangen.

### Auslegung und Optimierung der FM-Elektronik

Ein Blockschema des Aufbaus findet sich in Abbildung 4.4 in Kapitel 4.3. Beim Verschalten der Elektronik des FM-Aufbaus ist zuallererst darauf zu achten, dass ausgehend vom Signalgenerator die Eingangsleistung für alle Komponenten im angegebenen Rahmen liegt und vor allem obere Grenzwerte eingehalten werden. So sollte zum Beispiel am elektrooptischen Modulator (EOM) ein Wert von 34 dBm laut Herstellerangaben nicht überschritten werden[1]. Um alle elektronischen Komponenten korrekt zu bedienen, kann die Ausgangsleistung des Signalgenerators variiert und mit Verstärkern und Abschwächern gearbeitet werden. Dabei ist zu beachten, dass jedes Bauteil selbst eine gewisse Abschwächung bewirkt.

Der Signalgenerator erzeugt ein Sinussignal, dessen Leistung auf 1 dBm ($\approx$ 1,26 mW) gestellt wurde. Nach Aufteilung durch den Richtungskoppler wurde der größere Teil (Abschwächung nur -1,8 dB) in Richtung EOM geleitet, um mindestens -10 dB abgeschwächt und um +37 dB verstärkt. Am Modulator wurden so höchstens 26,2 dBm erreicht, was zu einem maximalen Modulationsindex von 1,67 führte. Höhere Leistungen am EOM wur-

---

[1] Der Leistungspegel $L_p$ wird oft auf $P_0 = 1$ mW bezogen und in dBm angegeben: $L_p = 10\lg(P/P_0)$ dBm. Für relative Pegel wie Verstärkungen und Dämpfungen verwendet man dB: $L = 10\lg(P_2/P_1)$ dB, z.B 3 dB: Verdopplung von $P_1$ zu $P_2$. Wegen $P = U^2/R$ (Widerstand $R$) gilt mit der Spannung U: $L = 20\lg(U_2/U_1)$ dB. (Tabelle mit dBm, Watt und Volt z.B. in [92].)

den vermieden, da eine Erhitzung und Beschädigung bzw. Verstellung des Modulators bei einem Leistungspegel von weniger als den angegebenen 34 dBm, nämlich schon bei etwa 30 dBm, festgestellt wurde.

Am LO-Eingang des Frequenzmischers wurden etwa 7 dBm eingespeist. Bei höheren Leistungen des Demodulationssignals ist zwar das durch die Demodulation erzeugte Signal absolut gesehen höher, jedoch sind auch die Verluste bei der Mischung größer. Bei Messungen mit 4 dBm statt 7 dBm war das Verhältnis des FM-Signals zum Rauschen schlechter.

Die Verstärkung des nach dem Frequenzmischer erhaltenen Signals konnte mit dem Vorverstärker SR560 variiert werden. Bei einer 1000-fachen Verstärkung der Spannung (+60 dB) ist das Signal-Rausch-Verhältnis besser als bei einer 100-fachen (+40 dB). Noch höhere Verstärkungen führten zu einer Überlastung des Gerätes und konnten deshalb nicht verwendet werden. Bei allen zeitaufgelösten Messungen wurden deshalb die Signale mit 1000-facher Verstärkung aufgenommen.

### Justage des Laserstrahls

Ebenfalls von großer Bedeutung ist die korrekte Justage des gesamten Laserstrahlengangs. Jedes Paar paralleler optischer Oberflächen kann ungewollt als Etalon wirken und durch Interferenzeffekte zu einer ungewollten Amplitudenmodulation führen. Um dies zu vermeiden, verkippt man alle Optiken im Strahlengang leicht und achtet darauf, dass der Laserstrahl nie in sich selbst zurückreflektiert wird. Besonders kritisch ist diesbezüglich auch die Justage des elektrooptischen Modulators. Durch Interferenzen im Modulator verursachte wellenlängenabhängige RAM (*residual amplitude modulation*, siehe Kapitel 3.2.2) konnte auch bei starker Verkippung des EOM nie vollständig unterdrückt werden.

Die Polarisationsebene des Laserstrahls muss außerdem möglichst exakt mit der Kristallachse des Modulators in Übereinstimmung gebracht werden. Im Strahlengang vor dem EOM befindet sich ein Glan-Thompson-Polarisator, dessen Ebene sehr einfach verdreht werden kann. Auch die Modulatorstellung selbst kann fein variiert werden. Ungefähr kann man die Ebenen des Laserstrahls, des Polarisators und des EOM über die Messung der transmittierten Lichtintensität in Einklang bringen. Für die Einstellung des Demodulationsphasenwinkels ist als Hilfsmittel im Strahlengang hinter dem EOM ein zweiter Polarisator aufgestellt, der auch dazu verwendet werden kann, die Polarisationsebenen von Modulator und Polarisatoren genauer aufeinander abzustimmen. Der elektrooptische Modulator bewirkt zwischen zwei gekreuzten Polarisatoren eine Amplitudenmodulation, die um 90° zum Modulationssignal verschoben, also in Phase mit dem Dispersionssignal ist [93, 94]. Da die FM-Signale immer RAM-behaftet sind und deshalb die Grundlinie nicht bei Null liegt, ist es schwierig, den Absolutbetrag der Amplitudenmodulation, die durch die Polarisatorenkreuzung verursacht wird, zu identifizieren und zu verringern. Man geht deshalb bei der Einstellung des ersten Polarisators folgendermaßen vor: Die Phase $\theta$ wird auf einen beliebigen von 0° und 180° verschiedenen Wert eingestellt, der Laser erzeugt Licht einer festen Wellenlänge. Nun wird der erste Polarisator um etwa 20° verdreht. Verstellt man nun den Winkel des zweiten Polarisators und verändert ihn kontinuierlich zum Beispiel zwischen -20° und +20°, so kann man ein ständiges Verschieben des FM-Signals auf dem Oszilloskop beobachten. Wird der Winkel des ersten Polarisators in eine Ebene mit der Kristallachse des Modulators gebracht, so entfällt die durch die Polarisatoren bewirkte Amplitudenmodulation und das FM-Signal bleibt auch beim Verdrehen des zweiten Polarisators in Ruhe. Die Polarisationsebene des ersten Polarisators und die Kristallachse des Modulators liegen nun in einer Ebene. Die Einstellung des zweiten Polarisators funktioniert nach dem selben Prinzip, man erkennt jedoch auch sehr gut den Winkel, bei dem er um genau 90° gegenüber dem ersten Polarisator verdreht ist. Stehen die Polarisationsebene des Lichtes und der Polarisator in einem Winkel von 90° zueinander, so wird kein Licht durchgelassen.

Beim Durchlaufen des Stoßrohres sollte der Laserstrahl einen kleinen Durchmesser haben und möglichst senkrecht zur Stoßrohrachse justiert werden. Als Justagehilfe können Spalte auf den Stoßrohrfenstern angebracht werden. Je länger die Stoßfront benötigt, um den Lichtstrahl zu passieren, um so schlechter ist die Zeitauflösung des Experiments. Sie beträgt bei guter Justage und einem Strahldurchmesser von 1 bis 2 mm etwa 2 bis 5 $\mu$s. Der Laserstrahl wird am besten etwas schräg von oben oder unten durch das Stoßrohr justiert, um Etaloneffekte zu vermeiden.

### Einstellung des Demodulationsphasenwinkels $\theta$

Form und Intensität der FM-Profile sind stark vom Demodulationsphasenwinkel $\theta$ abhängig. Für $\theta = 0°$ oder 180° erhält man reine Absorptionssignale und für $\theta = 90°$ oder 270° reine Dispersionsprofile. Die Abhängigkeit der FM-Signale vom Phasenwinkel ist in Abbildung 5.1 für den konkreten Fall der $NH_2$-Doppellinie bei etwa 597 nm (siehe auch Kapitel 5.2) illustriert. Maximale Beträge der Signalhöhen erhält man nicht für reine Absorption, sondern für einen Phasenwinkel von etwa 15° oder 195°. Für $\theta = 0°$ oder 180° sind die Signale im Maximum bzw. Minimum der FM-Linie allerdings nur um weniger als 4 % niedriger und die Einstellung auf reine Absorption hat sich in der Praxis als wesentlich komfortabler als die Einstellung auf maximale Signalhöhe erwiesen [95, 49].

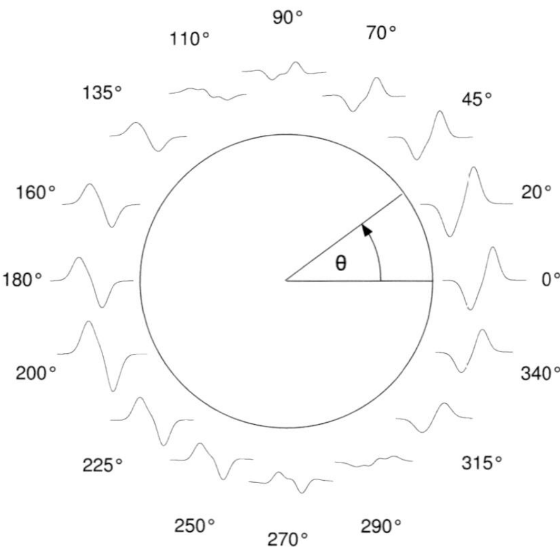


Abbildung 5.1: Abhängigkeit des FM-Signals vom Demodulationsphasenwinkel $\theta$ mit $M = 1,5$ und $\chi_m \approx 0,15$ (für NH$_2$-Doppellinie bei 2500 K, 1 bar und $\nu_m = 1,1$ GHz). Aufgetragen ist $\Delta f$ gegen $\nu$. Nach North et al. [96].

Mit Hilfe der zwei Polarisatoren lässt sich $\theta$ sehr schnell und zuverlässig auf 0° oder 180° einstellen. Man nutzt dabei wieder aus, dass der Modulator bei gekreuzten Polarisatoren eine Amplitudenmodulation bewirkt, die bei einem Demodulationsphasenwinkel von 0° oder 180° minimal wird. Die Vorgehensweise ist folgende: Einer der beiden Polarisatoren wird um ca. 20° aus der Ebene des Modulatorkristalls gedreht. Dann verstellt man langsam die Phase mit dem Phasenschieber und dreht dabei ständig den zweiten Polarisator zwischen etwa -20° und +20° hin und her. Ist das auf dem Oszilloskop zu beobachtende Schwanken der FM-Grundlinie minimal, so hat man die richtige Einstellung des Phasenschiebers gefunden. Diese Methode kann einfach mit dem Scanning Etalon als Absorber überprüft werden, da bei dem so erreichten großen $\chi_m$ reine Absorptionssignale sehr gut visuell an der fehlenden Intensität bei der Zentralwellenlänge zu erkennen sind. Mit den Polarisatoren kann die Phase auf 1 bis 2° genau auf reine Absorption eingestellt werden.

**Bestimmung von G**

Der Verstärkungsfaktor $G$ gibt die gesamte elektronische Verstärkung des FM-Spektrometers an, das heißt die Verstärkung, die das Hochfrequenzsignal von der Photodiode über den Frequenzmischer bis zum Oszilloskop im Vergleich zum Gleichstromsignal erfährt. Für quantitative Messungen muss er möglichst genau bekannt sein. Ein Fehler in $G$ wirkt sich unmittelbar auf die aus den FM-Signalen berechneten Konzentrationen aus.

Für die Absorbanz $A_c$ bei der Frequenz $\nu_c$ gilt das Lambert-Beersche Gesetz:

$$A_c = ln\left(\frac{I_0}{I_c}\right) = \alpha_c \cdot c \cdot l \tag{5.1}$$

Mit Gleichung 3.45 ergibt sich für den Verstärkungsfaktor

$$G = \frac{2 \cdot I_{FM}}{I_0 \cdot \Delta f \cdot A_c}. \tag{5.2}$$

Wie in Kapitel 3.2.2 steht $I_{FM}$ hier für die Intensität des FM-Signals, $I_0$ für die Gesamtlichtintensität und $\Delta f$ für den FM-Faktor (definiert durch Gleichung 3.44). $G$ kann experimentell über den direkten Vergleich zwischen der gemessenen Absorbanz und der Intensität des FM-Signals bestimmt werden.

Eine sehr einfache Methode zur Aufnahme eines normalen Absorptionsspektrums und des zugehörigen FM-Profils mit Hilfe des Scanning Etalons (Fabry-Perot-Interferometer) wurde schon von Bjorklund [40] eingesetzt und zum Beispiel auch in den Referenzen [45] und [95] zur Bestimmung von $G$ verwendet. Der Aufbau (Abbildung 4.4) muss dazu so verändert werden, dass das vom Scanning Etalon reflektierte Licht mit der Photodiode detektiert werden kann. Im Resonanzfall wird ein Teil des Lichtes nicht reflektiert, sondern durch das Etalon transmittiert, es wirkt so wie ein extrem schmalbandiger Absorber. Bei der Absorption des spektral nur etwa 500 kHz breiten Laserlichtes wird die detektierte Linienbreite vor allem durch die Finesse des Scanning Etalons und auch durch die Justage auf das Scanning Etalon bestimmt.

Die Vorgehensweise ist in Abbildung 5.2 verdeutlicht. Um ein konventionelles Absorptionsspektrum und das dazugehörige FM-Spektrum zu erhalten, stellt man den Laser auf eine feste Wellenlänge und nimmt die beim Scan des Fabry-Perot-Interferometers auftretenden Signale auf. Zur Erzeugung des FM-Signals muss das Laserlicht moduliert werden. Man kann aus den aufgenommenen Signalen direkt $I_{FM}$ und $I_0$ ablesen. Der Demodulationsphasenwinkel $\theta$ wurde zur Bestimmung von $G$ meist auf 0° oder 180° ge-

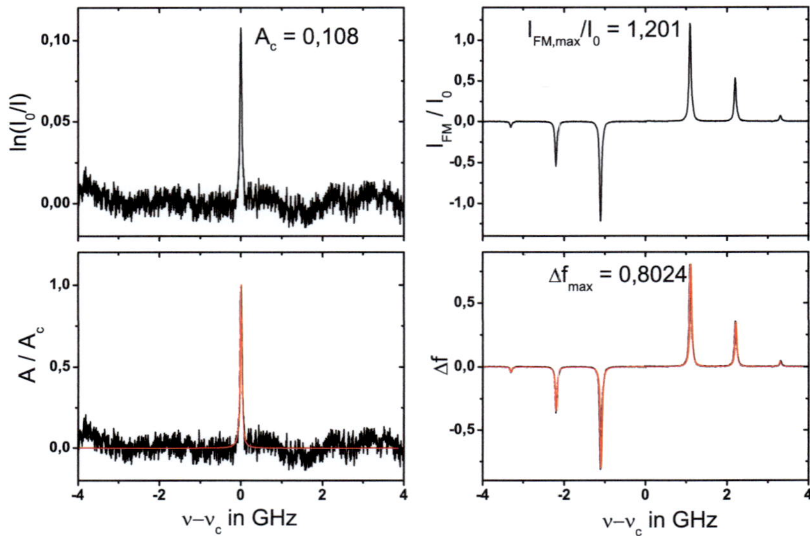

Abbildung 5.2: Bestimmung von G mit der Scanning-Etalon-Methode. Oben links: ohne Modulation aufgenommenes Absorbanzsignal. Oben rechts: mit $M = 1{,}13$ und $\theta = 0°$ aufgenommenes FM-Signal. Unten links: Anpassung an das normierte Absorbanzsignal. Unten rechts: berechneter FM-Faktor. Daraus folgt $G = 27{,}7$.

stellt, was sehr einfach visuell möglich ist. Für große $\chi_m$ ($= \omega_m/\omega_{1/2}$, Gleichung 3.29) ist im FM-Spektrum wie schon erwähnt an der Stelle der Zentralwellenlänge des Lasers kein Absorptionssignal zu erwarten, das Dispersionssignal ist dort jedoch ungleich null. Der Phasenwinkel ist also dann korrekt eingestellt, wenn das Signal bei der Zentralwellenlänge verschwindend klein ist.

Die Absorbanz $A_c$ kann sowohl mit als auch ohne Modulation gemessen werden. Mit moduliertem Laserlicht und dem Scanning Etalon als Absorber erhält man ein Absorptionsspektrum mit mehreren Banden, deren Intensität abhängig von der Modulationstiefe ist. Bestimmt man aus diesen die Absorbanz, so ist darauf zu achten, dass die Ausgangsintensität bei jeder Bande ungleich der Gesamtintensität $I_0$ ist. Man muss dann mit Hilfe des Modulationsindex berechnen, wie viel Intensität $I_n$ auf die jeweilige Bande verteilt ist. Der Modulationsindex $M$ kann aus dem direkt vom Scanning Etalon selbst aufgenommenen Transmissionssignal bestimmt werden (siehe auch Abbildung 3.4). Für jede Bande erhält man so im Maximum die selbe Absorbanz $A_c$ wie mit einem ohne Modulation aufgenommenen Signal, in dem nur eine größere Bande entsteht.

Die Absorbanz in Linienmitte $A_c$ ist für sehr kleine Lichtschwächungen gegeben durch $\Delta I_c / I_n$ (mit $\Delta I_c = I_0 - I_c$). Wird die Absorbanz ohne Modulation oder mit so kleinem Modulationsindex gemessen, dass nur wenig Intensität auf die Seitenbanden verteilt wird, ist die Ausgangsintensität $I_n$ in Linienmitte ungefähr gleich der Gesamtlichtintensität $I_0$. Es sei angemerkt, dass $I_0$ dann aus Gleichung 5.2 gekürzt werden kann.

Passt man eine Funktion an das Absorbanzsignal an, so kann man daraus bei bekanntem Modulationsindex $M$ den FM-Faktor $\Delta f$ in Abhängigkeit von der Wellenlänge des Laserlichtes berechnen. Dazu müssen wie aus Gleichung 3.44 ersichtlich die mit $ac_{abs}$ und $ac_{disp}$ bezeichneten Summen aus Gleichung 3.37 berechnet werden (Kapitel 3.2.2). Es wurde ein von G. Friedrichs geschriebenes FORTRAN-Programm (*fmpromult* [51]) verwendet, das bei der Summation alle Seitenbanden bis zur vierten Ordnung berücksichtigt [97], was bis zu dem in der vorliegenden Arbeit maximal erreichten Modulationsindex von 1,67 vollkommen ausreicht.

Zur Berechnung von $G$ vergleicht man meist das Maximum des aufgenommenen FM-Signals $I_{FM,max}$ mit dem Maximalwert des FM-Faktors $\Delta f_{max}$. Dabei kommt es, wenn $\chi_m$ viel größer als eins ist (wie in Abbildung 5.2), bei der Simulation nicht auf die Anpassung der genauen Form der Absoptionslinie an. Beachtet werden muss, dass die Absorbanz des Scanning Etalons nicht zu groß sein darf, da Gleichung 3.37 (Kapitel 3.2.2) nur für kleine Absorbanzen gilt (siehe auch Gleichung 3.36).

Bei der Bestimmung des Verstärkungsfaktors $G$ mit der Scanning-Etalon-Methode wurde der Modulationsindex $M$ zwischen 0,77 und 1,64 variiert. Alle Messungen ergaben mit einer Abweichung von maximal 2,5% einen Verstärkungsfaktor $G$ von 27,6. (Für eine 100-fache statt 1000-fache Verstärkung vor dem Tielpassfilter wurde $G = 2,6$ erhalten.)

Eine grobe Abschätzung für $G$ erhält man aus den in den technischen Datenblättern angegebenen Verlusten und Verstärkungen der einzelnen elektronischen Bauteile. Für die in der vorliegenden Arbeit aufgebaute FM-Elektronik ergibt sich so für $G$ ein Wert von 22,3.

Ein genaueres Ergebnis könnte man erzielen, indem man die Verstärkung und Dämpfung jeder einzelnen eingesetzten Komponente oder die gesamte Verstärkung durch die Elektronik (ohne Photodiode) nachmessen würde. Dazu würde man allerdings einen zweiten Frequenzgenerator benötigen. Auf diese Weise von M. Colberg durchgeführte Messungen zeigen, dass die vom Hersteller angegebenen (typischen) dB-Werte recht stark von den tatsächlichen abweichen können [95]. Für den Verlust im Frequenzmischer ZFM-2000 sind zum Beispiel vom Hersteller etwa -7,45 dB angegeben, von M. Colberg wurden -5,96 dB gemessen. Berechnet man den Verstärkungsfaktor des in der vorliegenden Arbeit verwendeten FM-Spektrometers mit dem von M. Colberg bestimmten Wert für die Dämpfung im Frequenzmischer selben Typs, so erhält man statt 22,3 für $G$ 26,4. Dieser Wert stimmt recht gut mit dem mit der Scanning-Etalon-Methode bestimmten überein.

Typische Werte für die einzelnen Komponenten und die daraus resultierende Verstärkung sind in der folgenden Tabelle zusammengefasst.

| Bauteil | Verstärkung (multiplikativ) | Verstärkung in dB |
|---|---|---|
| Photodiode[2] | 0,0582 | -24,7 |
| Bandpassfilter | 0,9016 | -0,9 |
| Frequenzmischer | 0,4241 | -7,45 |
| Verstärker | 1000 | +60,0 |
| Abschätzung für G | 22,3 | (+27,0) |
| $G$ (Scanning-Etalon-Methode) | **27,6** | (+28,8) |

### Diskussion und Ausblick

Da die genaue Bestimmung des Verstärkungsfaktors essentiell für die quantitative Umrechnung der aufgenommenen Intensitäten in Konzentrationen ist, wäre es wünschenswert, $G$ noch exakter bestimmen zu können. Zum einen könnte mit einem zweiten Frequenzgenerator die Verstärkung der Elektronik gemessen werden, allerdings ohne die Frequenzabhängkeit der Quanteneffizienz der Photodiode zu berücksichtigen. Zum anderen könnte mit zwei Photodioden ein FM-Profil und gleichzeitig ein Differenzlaserabsorptionssignal absorbierender Teilchen mit stationärer Konzentration aufgenommen werden. Als Absorber kämen hier zum Beispiel Iod oder in der laminaren Vormischflamme erzeugte $NH_2$-Radikale, die in der vorliegenden Arbeit bei der Wellenlängeneinstellung eingesetzt wurden, in Frage. Der entscheidende Unterschied zur Scanning-Etalon-Methode ist, dass die Wellenlänge des Laserlichtes selbst verändert werden muss, um Spektren aufzunehmen, während bei der durchgeführten Bestimmung von $G$ die Laserwellenlänge unverändert bleibt und das Scanning Etalon selbst verstellt wird. Da die Intensität des Laserlichtes beim Scan über einen Bereich von bis zu 30 GHz nicht konstant ist, erhält man ohne einen Referenzstrahl nur sehr schlechte konventionelle Absorptionssignale.

---

[2]Photodiode: 700 V/A Stromverstärkung für AC bei 1 GHz, 10 V/mA für DC; -1,6 dB zusätzlicher Verlust bei 1,1 GHz gegenüber 1 GHz $\Rightarrow$ -24,7 dB (bzw. $\times$ 0,0582).

Nicht zeitaufgelöste Messungen wurden im Rahmen dieser Arbeit teilweise mit zwei baugleichen Photodioden (Hamamatsu, S5973-02) durchgeführt (siehe auch Abb. 5.5). Tauscht man die Photodioden aus, ändert sich allerdings auch der Verstärkungsfaktor. Neben der Möglichkeit zur Aufnahme von Differenzlaserabsorptionssignalen bieten diese Photodioden im Vergleich zur verwendeten Photodiode (New Focus, 1601) auch den Vorteil, dass sie mit wesentlich größeren Laserleistungen bestrahlt werden können. Der lineare Arbeitsbereich der verwendeten Photodiode reicht lediglich bis zu einer Leistung von 2 mW. Durch eine höhere Laserleistung könnte das Schrotrauschen, das antiproportional zur Wurzel aus der Leistung ist [93, 49], minimiert werden.

Zeitaufgelöste Messungen ergaben mit dem in Kapitel 4.3 beschriebenen Aufbau und den Hamamatsu-Photodioden leider keine korrekten (viel zu kleine) Signale. Das könnte daran liegen, dass der Vorverstärker (Stanford Research Systems, SR560) die Funktionsweise der Photodioden stört. Mit diesen Photodioden und einer eingestellten 1000-fachen Verstärkung gemessene FM-Signale waren zum Beispiel nur etwa 8 mal so hoch wie mit 100-facher Verstärkung aufgenommene. Die bei den Stoßwellenexperimenten verwendete Photodiode scheint durch dieses Bauteil nicht in ihrer Funktionsfähigkeit beeinträchtigt zu werden. Durch den Einbau eines anderen Tiefpassfilters und Verstärkers könnte der Einsatz der Hamamtsu-Photodioden ermöglicht werden.


## 5.2 Quantitativer Nachweis von $NH_2$


Der Nachweis von Aminoradikalen ($NH_2$) mittels Frequenzmodulationsspektroskopie bietet sich als Test des neu aufgebauten Spektrometers aus verschiedenen Gründen besonders an. Zum einen besitzt $NH_2$ eine schmale Absorptionsbande bei etwa 597 nm, einer Wellenlänge, bei der der MgO-dotierte $LiNbO_3$-Kristall des Modulators sehr effizient arbeitet. Bei dieser Wellenlänge erreicht man außerdem mit dem verwendeten Farbstofflaser (und Rhodamin 6G als Lasermedium) hohe Lichtintensitäten. Zum anderen sind die Absorptionsquerschnitte von $NH_2$ besonders bei den in Stoßwellenexperimenten erzeugten hohen Temperaturen klein, weshalb der Nachweis dieser Radikale mit konventioneller Laserabsorption nicht sehr sensitiv ist. Zudem gibt es schon einige Arbeiten zur zeitaufgelösten Detektion von Aminoradikalen mit FMS im Stoßrohr [38, 44, 45, 95, 98, 99, 100, 101, 102, 103] und somit die Möglichkeit des Vergleichs aufgenommener Konzentrations-Zeit-Profile mit an etablierten Aufbauten gemessenen.

Die Konzentration der detektierten Teilchen kann nach Umformen von Gleichung 3.45 wie folgt aus der gemessenen FM-Intensität berechnet werden:

$$c = \frac{2}{\Delta f \cdot \alpha_c \cdot l \cdot G} \cdot \frac{I_{FM}}{I_0} \tag{5.3}$$

$I_0$ ist wieder die Gesamtlichtintensität, sie entspricht bei kleinen Absorbanzen dem gemessenen Gleichstromanteil. Es muss sowohl der Absorptionsquerschnitt $\alpha_c$ bei der Frequenz $\nu_c$ als auch die Linienform der absorbierenden Spezies bei den im Experiment herrschenden Bedingungen bekannt sein. Zur Berechnung von $\Delta f$ benötigt man außerdem den Modulationsindex $M$ und muss den Demodulationsphasenwinkel möglichst genau kennen.

**Absorptionsquerschnitt und Linienform**

Die Aminoradikale wurden in den Experimenten auf der $^P Q_{1,N}(7)$-Rotationsdoppellinie des $A^2A_1 \leftarrow X^2B_1(090 \leftarrow 000)\Sigma$-Übergangs nachgewiesen, der sich bei einer Wellenlänge von etwa 597,375 nm befindet. Das Intensitätsverhältnis der beiden Banden dieses Dubletts ist etwa 1 zu 0,82 [104, 105]. Die ausgeprägtere der zwei Absorptionslinien liegt bei 597,373 nm (16739,96 cm$^{-1}$)[105]. Mit der von Kohse-Höinghaus et al. [104] angegebenen Dublettaufspaltung von 3,44 GHz befindet sich die Linienmitte der zweiten Bande somit bei 597,377 nm (16739,85 cm$^{-1}$). Bei den in den Experimenten vorliegenden hohen Temperaturen und Drücken zwischen etwa 1 und 5 bar sind die spektralen Übergänge druck- und vor allem auch dopplerverbreitert, so dass die beiden Nachweisbanden stark überlappen.

Die Temperaturabhängigkeit des Absorptionsquerschnittes im Maximum der Doppellinie wurde von Kohse-Höinghaus et al. [104] zwischen 1600 und 3200 K untersucht. In einer nachfolgenden Veröffentlichung der selben Autoren [106] und einer Publikation von Votsmeier et al. [107] wird vorgeschlagen, für den Absorptionsquerschnitt einen Ausdruck zu verwenden, der an der oberen Fehlergrenze der Werte aus Referenz [104] liegt. Zusammen mit der ebenfalls von Votsmeier et al. [107] untersuchten Druckabhängigkeit ergibt sich für den Absorptionsquerschnitt im Linienmaximum der folgende temperatur- und druckabhängige Ausdruck (der auch von Colberg [95] verwendet wurde):

$$\alpha_{max}(p,T) = \left( \frac{3,953 \cdot 10^{10}}{T^3/\text{K}^3} + \frac{7,295 \cdot 10^5}{T^2/\text{K}^2} - \frac{1,549 \cdot 10^3}{T/\text{K}} \right) \cdot \left( 1 - 0,06 \cdot \frac{p}{\text{atm}} \right) \text{atm}^{-1} \text{cm}^{-1}$$

$$\tag{5.4}$$

Bei einem Druck von 1,5 bar und einer Temperatur von 1600 K befinden sich bei ange-

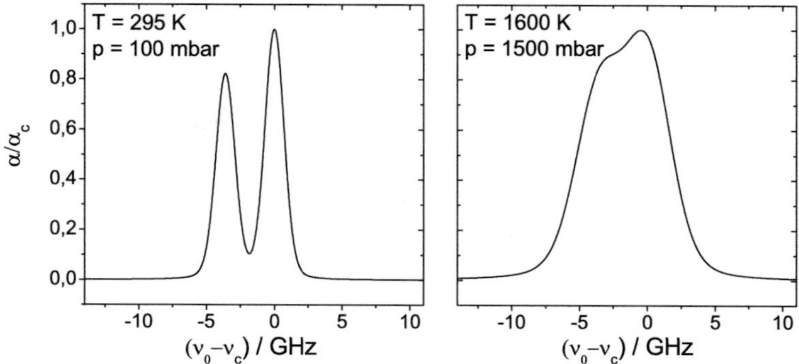

Abbildung 5.3: Berechnete [51] Profile für die NH$_2$-Doppellinie, $\lambda_c = 397{,}373$ nm. Links: $T = 295$ K, $p = 100$ mbar $\rightarrow \alpha_c \approx 6{,}2 \cdot 10^{-17}$ cm$^2$. Rechts: $T = 1600$ K, $p = 1500$ mbar $\rightarrow \alpha_c \approx 1{,}8 \cdot 10^{-18}$ cm$^2$.

nommenem idealen Verhalten des Gases etwa 4,6·10$^{18}$ Teilchen in einem Volumen von 1 cm$^3$. Damit liegt $\alpha_{max}$ für diese Bedingungen bei ungefähr 1,78·10$^{-18}$ cm$^2$, das entspricht 1,07· 10$^6$ cm$^2$ mol$^{-1}$.

Die durch die Temperatur $T$ und die damit verbundene Bewegung der Moleküle verursachte Dopplerverbreiterung kann auf Grundlage der Maxwellschen Geschwindigkeitsverteilung berechnet werden [108]. Es ergibt sich ein Gaußprofil mit der vollen Halbwertsbreite $\Delta\nu_T$.

$$\Delta\nu_T = \sqrt{\frac{8RT\ln 2}{M(\mathrm{NH_2})}} \cdot \left(\frac{\nu_c}{c}\right) \tag{5.5}$$

$R$ ist hier die molare Gaskonstante, $M(\mathrm{NH_2})$ die Molmasse der Aminoradikale, $c$ die Lichtgeschwindigkeit und $\nu_c$ die Zentralfrequenz der Absorptionsbande. Bei 1600 K sind die genannten Absorptionsbanden des NH$_2$-Radikals um 3,59 GHz dopplerverbreitert.

Die Druckverbreiterung wurde für hohe Temperaturen (1900 bis 2400 K) und Drücke von 1, 2 und 4 bar von Kohse-Höinghaus et al. [104] und für Zimmertemperatur und Drücke zwischen 2,5 mbar und 1 bar von Friedrichs et al. [105] bestimmt. Der Druckverbreiterungskoeffizient sinkt mit steigender Temperatur, er kann im Hochtemperaturbereich und auch bei Zimmertemperatur gut mit folgendem Ausdruck beschrieben werden [105]:

$$\Delta\nu_p = \left(\frac{T}{295 \text{ K}}\right)^{-0,78} \cdot 2{,}27 \text{ GHz bar}^{-1} \tag{5.6}$$

Bei 1600 K liegt die Druckverbreiterung somit z.B. bei 0,607 GHz pro bar. Ein Druck von 1,5 bar führt bei dieser Temperatur zu einer Linienverbreiterung von 0,911 GHz. Eine rein druckverbreiterte Absorptionslinie kann mit einem Lorentz-Profil beschrieben werden.

Die $NH_2$-Doppellinie ist bei den in den Stoßwellenexperimenten und in der $NH_3/O_2$-Flamme herrschenden Bedingungen ($T \approx 1200$ bis 2900 K, $p \approx 1$ bis 5 bar) sowohl doppler- als auch druckverbreitert. Die Linienform lässt sich dann durch eine Faltung aus Gauß- und Lorentzprofil, also ein Voigt-Profil, beschreiben. In Abbildung 5.3 sind exemplarisch zwei berechnete Profile gezeigt.

Aus dem Absorptionsprofil kann über die Kramers-Kronig-Relation auch das Dispersionsprofil berechnet werden [97]. Bei einem Demodulationsphasenwinkel von 0° oder 180° werden die FM-Profile allerdings nicht durch Dispersion beeinflusst.

### Wahl des Modulationsindex

Um möglichst große FM-Intensitäten zu erreichen, muss wie schon in Kapitel 3.2.2 angedeutet der Modulationsindex M auf das vorliegende Verhältnis $\chi_m$ abgestimmt sein. In Abbildung 5.4 ist der maximale FM-Faktor $\Delta f_{max}$ für die beschriebene Absorption durch $NH_2$ mit $\chi_m \approx 0,15$ und zum Vergleich für die Absoption durch einen extrem schmalbandigen Absorber wie das Scanning Etalon mit $\chi_m \approx 20$ gezeigt. Man erkennt, dass für $\chi_m \approx 0,15$ selbst bei $M > 3$ der FM-Faktor mit steigendem $M$ weiter ansteigt. Bis zu diesem Wert ist also auf jeden Fall ein möglichst großer Modulationsindex zu wählen. Im Experiment wurde ein Modulationsindex von höchstens 1,67 erreicht.

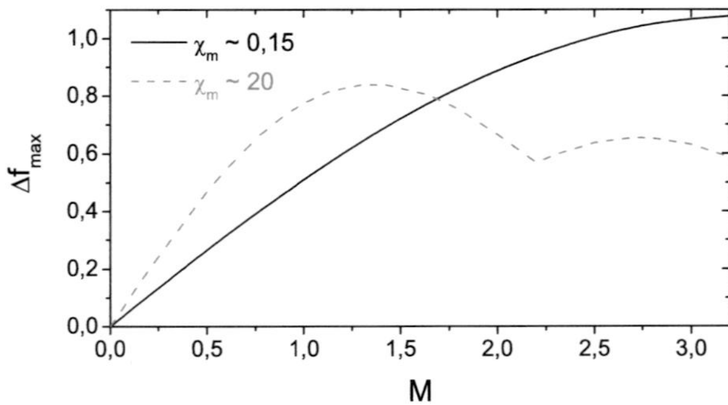


Abbildung 5.4: Abhängigkeit des maximalen FM-Faktors vom Modulationsindex für reine Absorption mit $\nu_m = 1,1$ GHz. $\chi_m \approx 0,15$ für $NH_2$ bei $\lambda \approx 597{,}371$ nm, 2500 K und 1 bar. $\chi_m \approx 20$ bei Scanning-Etalon-Methode. Berechnet mit *fmpromult* [51].

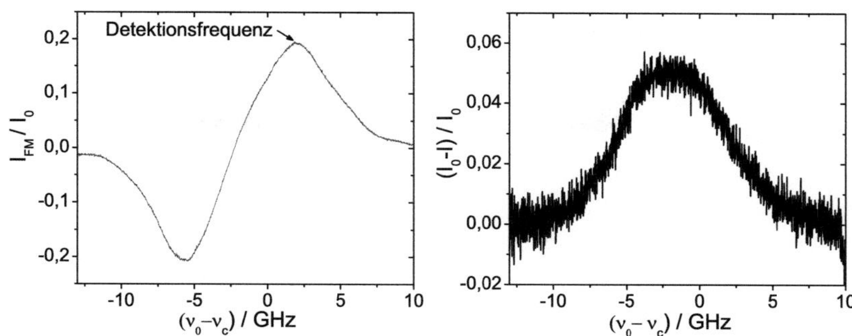

Abbildung 5.5: NH$_2$-Doppellinie in vorgemischter NH$_3$/O$_2$-Flamme, $\lambda_c = 597{,}373$ nm ($\nu_c = 501847{,}3$ GHz), Signale 20-mal gemittelt. Links: FM-Signal (Verschiebung der Grundlinie korrigiert). Rechts: Konventionelles Differenzlaserabsorptionssignal.

### Einstellung der Detektionswellenlänge

Für die zeitaufgelösten Messungen muss die Wellenlänge des Lasers möglichst genau auf das Maximum des FM-Profils der im Stoßrohr vorliegenden NH$_2$-Radikale eingestellt werden. Da im Experiment die Zentralwellenlänge der Absorptionsdoppellinie, ihre Druck- und Dopplerverbreiterung und sowohl Frequenz als auch Tiefe der Modulation bekannt sind, lässt sich diese Wellenlänge berechnen. Man kann den Laser grob mit dem Wellenlängenmessgerät auf die richtige Wellenlänge bringen. Um jedoch möglichst exakt das Maximum zu treffen, ist eine Einstellung mit Hilfe einer stationären NH$_2$-Quelle nötig.

Als stationäre Quelle diente ein wassergekühlter Flachflammenbrenner mit einer vorgemischten NH$_3$/O$_2$-Flamme. Zur Stabilisierung der Flamme wurde einige Zentimeter über der Brenneroberfläche ein Metallgitter befestigt. Ammoniak und Sauerstoff strömten mit Flussraten von 5,08 und 2,10 slm (Standardliter pro Minute) durch die Sinterplatte des Brenners (Durchmesser 6 cm). Die NH$_2$-Konzentration sollte weniger als einen Millimeter oberhalb der Brenneroberfläche am höchsten sein, dort wird eine Absorption von etwa 6 % erwartet [109]. Deshalb wurde der 1 bis 2 mm breite Laserstrahl möglichst tief über den Brenner justiert. Bei einem Scan der Laserwellenlänge über die NH$_2$-Doppellinie erhält man die in Abbildung 5.5 gezeigten Signale. Sie wurden nicht mit der bei den zeitaufgelösten Messungen verwendeten Photodiode detektiert, sondern mit zwei baugleichen Photodioden (Hamamatsu, S5973-02), mit denen auch ein Differenzlaserabsorptionssignal aufgenommen werden konnte. Man erkennt deutlich die im Vergleich zur konventionellen Absorption gesteigerte Nachweisempfindlichkeit der Detektion mit FMS.

Für alle Stoßwellenexperimente wurde die Frequenz des Nachweislasers fest auf das Maximum des FM-Signals in der $NH_3/O_2$-Flamme gestellt. Etwa 1 mm über der Brenneroberfläche herrscht eine Temperatur von etwa 1860 K [109, 110]. Die niedrigste Temperatur bei den zeitaufgelösten Messungen lag bei 1179 K (Allylaminzerfall) und die höchste bei 2938 K (Ammoniakpyrolyse), der Druck variierte zwischen etwa 1,1 und 5,0 bar. Das Maximum der FM-Profile der Stoßwellenmessungen ist damit höchstens um 0,15 GHz gegenüber dem der Flamme verschoben. Da die Absorptionslinien sowohl in der Flamme als auch bei allen Stoßwellenexperimenten stark druck- und vor allem auch dopplerverbreitert sind, führt die durchgeführte Einstellung auf das Maximum der stationären Quelle zu einem vernachlässigbaren Fehler in der Signalhöhe von unter 0,5 %.

## 5.3 Der thermische Zerfall von Ammoniak als Testsystem

Um die Funktionsweise des aufgebauten Spektrometers bei zeitaufgelösten Messungen im Stoßrohr zu überprüfen, erscheint die Verfolgung der Aminoradikalkonzentration während des thermischen Zerfalls von Ammoniak aus mehreren Gründen besonders geeignet. Einerseits bestehen für die Ammoniakpyrolyse bereits bewährte Reaktionsmechanismen mit fundierten Daten für die Geschwindigkeitskonstanten der einzelnen Reaktionsschritte. Davidson et al. geben zum Beispiel in Referenz [106] einen guten Überblick über Arbeiten aus den Jahren vor 1990. Andererseits können mit dem in der vorliegenden Arbeit beschriebenen Aufbau ähnliche Bedingungen wie in einem etablierten FMS/Stoßrohr-Aufbau erreicht werden, in dem von M. Colberg der Ammoniakzerfall zur Temperaturbestimmung im Stoßrohr eingesetzt wurde [95].

In Referenz [95] wurden $NH_2$-Konzentrations-Zeit-Profile mittels FMS hinter reflektierten Stoßwellen aufgenommen und mit simulierten Profilen verglichen. Der Nachweis der $NH_2$-Radikale erfolgte wie in der vorliegenden Arbeit auf dem überlappenden Dublett bei 597,375 nm und mit einem Demodulationsphasenwinkel von 0° oder 180°. Auch die Modulationsfrequenz von 1 GHz und der bei den Messungen maximal erreichte Modulationsindex von 1,66 sind mit den in der vorliegenden Arbeit realisierten Werten vergleichbar ($\nu_m = 1{,}1$ GHz und $M_{max} = 1{,}67$).

Insgesamt wurden im Rahmen der vorliegenden Arbeit etwa 20 Messungen hinter der reflektierten Stoßwelle in einem Temperaturbereich von 2334 bis 2938 K und bei Drücken zwischen 1,13 und 1,35 bar durchgeführt. Die genauen Reaktionsbedingungen sind in Tabelle 8.1 im Anhang zu finden. Die Aminoradikale wurden auf dem Maximum des FM-Profils der oben beschriebenen Doppellinie, bei etwa 597,371 nm, nachgewiesen. Die hergestellten Testgasmischungen enthielten 615 bis 1540 ppm Ammoniak in Argon. Die meisten Experimente wurden mit einer 1000-fachen Verstärkung vor dem Tiefpassfilter (Stanford Research Systems, SR560), nur wenige mit einer nur 100-fachen Verstärkung durchgeführt.

Da die Ammoniakpyrolyse relativ langsam ist und Folgereaktionen nicht vollständig unterdrückt werden können, müssen die gemessenen Konzentrations-Zeit-Verläufe mit einem komplexen Mechanismus beschrieben werden. Zur Modellierung wurde in der vorliegenden Arbeit ein Reaktionsmechanismus aus der Dissertation von M. Colberg [95] unverändert übernommen. Er basiert auf einem von Davidson et al. [106] vorgeschlagenen Mechanismus, der ebenfalls auf Grundlage von Messungen zum $NH_3$-Zerfall hinter reflektierten Stoßwellen basiert, bei denen mit schmalbandiger Laserabsorption NH- und $NH_2$-Konzentrations-Zeit-Profile aufgenommen wurden. In der Dissertation [95] wurden die Ausdrücke für die Geschwindigkeitskonstanten zum Teil gegenüber Referenz [106] aktualisiert. Um die absoluten $NH_2$-Konzentrationen der Messungen besser mit der Simulation zu reproduzieren, wurde in Referenz [95] der Verstärkungsfaktor $G$ um maximal 10 % verändert. Für die hier beschriebenen Messungen wurde $G$ um bis zu 5 % variiert.

Der verwendete Mechanismus ist im Anhang in Tabelle 8.2 zu finden. Die für eine reversible Behandlung der aufgelisteten Reaktionen benötigten thermochemischen Daten finden sich in Tabelle 8.3. Bei den vorliegenden Bedingungen sollte der Anfangsanstieg der Signale vor allem durch die Bildung von $NH_2$ direkt aus $NH_3$ (Reaktion 1 in Tabelle 8.2) bestimmt sein. Sind genügend Aminoradikale gebildet, so gewinnen bimolekulare Folgereaktion an Bedeutung, zum Beispiel die Reaktion von $NH_2$ mit H oder mit NH (Reaktionen 4 und 5). Außerdem zerfällt auch $NH_2$ unter den vorliegenden Reaktionsbedingungen (Reaktion 3). $NH_2$-Radikale werden jedoch auch durch die Reaktion der entstehenden Wasserstoffatome mit Ammoniakmolekülen gebildet (Reaktion 2).

In Abbildung 5.6 und 5.7 sind zwei gemessene $NH_2$-Konzentrations-Zeit-Profile gezeigt. Zur besseren Vergleichbarkeit wurden dieselben Achseneinteilungen gewählt. Es fällt auf, dass die mit dem ursprünglichen Gasmischungsverhältnis von $NH_3$ zu Ar berechneten Konzentrations-Zeit-Profile immer über den gemessenen liegen, wobei die Abweichung bei geringeren $NH_3$-Anfangskonzentrationen prozentual größer ist. Eine Erklärung hierfür

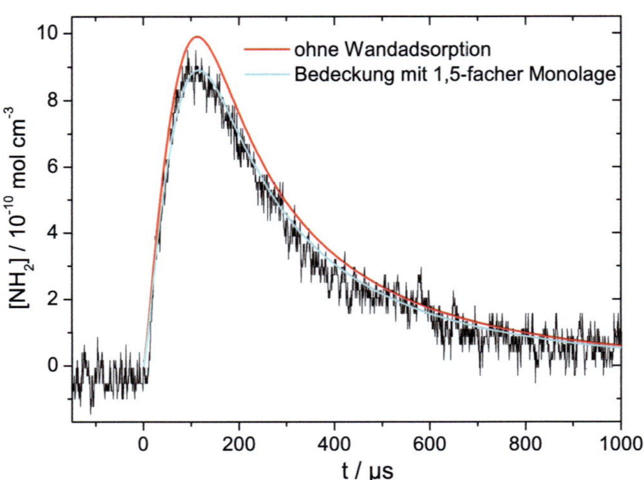

Abbildung 5.6: Gemessenes NH$_2$-Konzentrations-Zeit-Profil mit Modellierung, vor Wandadsorption 1411 ppm NH$_3$ in Ar, danach 1230 ppm. Rot: [NH$_3$]$_0$ = 8,76 · 10$^{-9}$ mol cm$^{-3}$, T = 2530 K, p = 1,305 bar. Hellblau: [NH$_3$]$_0$ = 7,63 · 10$^{-9}$ mol cm$^{-3}$, T = 2532 K, p = 1,305 bar.

ist, dass die Adsorption des Ammoniaks an der Stoßrohrwand nicht zu vernachlässigen ist.

Von M. Colberg [95] wurde diese Problematik dadurch behoben, dass durch ein längeres Durchströmen der Gasmischung durch das Stoßrohr die Wand des Stoßrohres mit Ammoniak so weit bedeckt wurde, dass beim Befüllen für das eigentliche Experiment keine weiteren Teilchen mehr adsorbiert werden konnten. Diese Vorgehensweise war aufgrund der apparativen Gegebenheiten im Rahmen der vorliegenden Arbeit nicht möglich. Davidson et al. [106] beschreiben eine Passivierung der Stoßrohrwand durch Einfüllen der Testgasmischung, fünf Minuten langes Warten, fünfminütiges Abpumpen und anschließendes Wiederbefüllen des Stoßrohres direkt vor dem Experiment. Gemessen wurde ebenfalls nach der reflektierten Stoßwelle. Dieses Passivierungsverfahren führte jedoch mit dem in Kapitel 4.1 beschriebenen Stoßrohr zu keinem Erfolg, es konnte keine Veränderung in den aufgenommenen Profilen festgestellt werden.

Yumura et al. [111], die den thermischen Zerfall von Ammoniak im Stoßrohr mittels H-ARAS untersuchten, bestimmten die Menge der an der Wand adsorbierten NH$_3$-Moleküle mit Hilfe eines an das Stoßrohr gekoppelten Quadrupolmassenspektrometers. Sie kom-

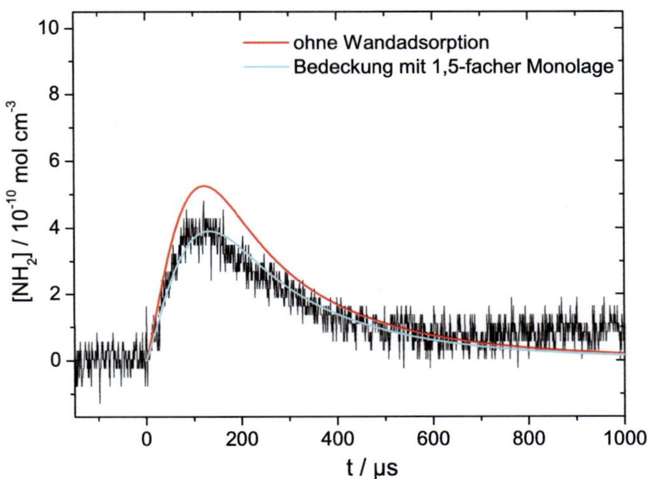


Abbildung 5.7: Gemessenes NH$_2$-Konzentrations-Zeit-Profil mit Modellierung, vor Wandadsorption 615 ppm NH$_3$ in Ar, danach 528 ppm. Rot: $[NH_3]_0 = 3{,}69 \cdot 10^{-9}$ mol cm$^{-3}$, T = 2568 K, p = 1,282 bar. Hellblau: $[NH_3]_0 = 2{,}57 \cdot 10^{-9}$ mol cm$^{-3}$, T = 2570 K, p = 1,282 bar.

men zu dem Ergebnis, dass wahrscheinlich eine Monolagenbedeckung erreicht wird. Da die Stoßrohrinnenwand allerdings auf molekularer Ebene rauh ist, können die Ammoniakteilchen bei möglichst dichter Packung mit einer Monolage mehr als die einfache geometrische Innenfläche des Stoßrohres bedecken. Bei der in Referenz [111] durchgeführten Berechnung wurden die NH$_3$-Teilchen als Kugeln mit einem Durchmesser von 3,2 Å, der sich aus der spezifischen Dichte von flüssigem Ammoniak ergibt, behandelt. Die Gleichgewichtsadsorption war erreicht, wenn so viele Ammoniakmoleküle an der Wand hafteten, dass die berechnete bedeckte Fläche der dreifachen geometrischen Fläche der Wand entsprach.

Wurde für die Modellierungen zu den hier vorliegenden Messungen die Anfangskonzentration an Ammoniak errechnet, indem von der ursprünglichen Anzahl an Ammoniakmolekülen so viele abgezogen wurden wie zur Bedeckung der dreifachen Innenfläche des Niederdruckteils nötig sind, so waren die berechneten Konzentrations-Zeit-Profile insgesamt zu niedrig und das Maximum leicht zu späteren Zeiten verschoben. Bei Annahme einer Bedeckung der 1,5-fachen geometrischen Fläche des inneren Niederdruckteils (1,5 · 1,335 m$^2$) stimmten die Modellierungen am besten mit den gemessenen Signalen überein.

Eventuell besitzt die Oberfläche des in der vorliegenden Arbeit verwendeten gehonten Stoßrohres eine kleinere Rauheit als die des in Referenz [111] verwendeten Edelstahlstoßrohres. Leider finden sich keine Informationen zur Polierung in der Veröffentlichung [111]. Edelstahlstoßrohre werden allerdings oft nur geschliffen oder feingeschliffen und nicht gehont, was zu einer nicht ganz so glatten Oberflächenstruktur führt.

In Abbildung 5.6 und 5.7 ist zu erkennen, dass die so berechneten $NH_2$-Konzentrations-Zeit-Profile sehr gut mit den experimentell ermittelten übereinstimmen. Der Unterschied in der für die Modellierung unter den beiden Abbildungen angegebenen Temperatur wird durch die Abhängigkeit der Wärmekapazität des Analysengases vom Mischungsanteil an $NH_3$ hervorgerufen (siehe Gleichung 3.26)[3].

Die gute Übereinstimmung zwischen Modellierung und Experiment lässt den Schluss zu, dass zeitaufgelöste Messungen mit dem aufgebauten FM-Spektrometer am Stoßrohr korrekt durchgeführt werden können. Insbesondere der zeitaufgelöste Nachweis von Aminoradikalen bei verbrennungsrelevanten Temperaturen wurde somit erfolgreich getestet.

---

[3]Die für die Realgaskorrektur verwendeten Werte stammen aus Referenz [25]. Mit Daten aus Referenz [26] berechnete Temperaturen weichen maximal 1 K ab (reflektierte Stoßwelle).

# 6 Der thermische Zerfall von Allylamin

## 6.1 Einleitung

Sowohl Allylradikale ($C_3H_5$) als auch Aminoradikale ($NH_2$) sind maßgeblich an vielen Verbrennungsprozessen beteiligt. $NH_2$-Radikale sind Schlüsselspezies bei der Umwandlung der meisten stickstoffhaltigen Verbindungen, sie entstehen zum Beispiel intermediär bei der Bildung von Bennstoff-NO und sind somit an der Schadstoffbildung beteiligt. Sie treten aber auch bei Verfahren zur Reduktion der $NO_x$-Emission aus Verbrennungsprozessen wie dem thermischen $DeNO_x$-Prozess und dem Reburning auf (siehe auch Kapitel 2). Im Übrigen ist $NH_2$ ($X^2B_1$) isoelektronisch zu OH ($X^2\Pi$) und $CH_3$ ($X^2A_2$") und damit aus theoretischer Sicht sehr interessant.

Neben den Propargylradikalen ($\cdot CH_2$-C≡CH ↔ $CH_2$=C=CH·) sind die Allylradikale ($\cdot CH_2$-CH=$CH_2$ ↔ $CH_2$=CH-$CH_2$·) die einfachsten resonanzstabilisierten Radikale. Sie können bei Verbrennungsprozessen in hohen Konzentrationen vorliegen, da sie eine relativ große thermische Stabilität zeigen und zum Beispiel nur langsam mit molekularem Sauerstoff reagieren. Resonanzstabilisierte Radikale werden als Ausgangsspezies bei der Bildung von Aromaten in Verbrennungsprozessen diskutiert, welche wiederum ausschlaggebend für die Rußbildung sind.

Zur Rußbildung in Flammen werden verschiedene Mechanismen diskutiert. Einen guten Überblick bietet eine Veröffentlichung von Miller, Pilling und Troe [11] (man beachte auch die darin zitierte Literatur), in der auch andere Verbrennungsaspekte mit dem Schwerpunkt Reaktionskinetik beleuchtet werden. Der geschwindigkeitsbestimmende Schritt für die Entstehung von Ruß ist wahrscheinlich die Bildung des ersten aromatischen Rings aus $C_2$- und $C_3$-Verbindungen, auf die die Bildung sogenannter polyzyklischer aromatischer Kohlenwasserstoffe (polycyclic aromatic hydrocarbons, PAHs) folgt [112]. Hauptsächlich scheint die Entstehung von Aromaten durch die Rekombination zweier Propargylradikale zu erfolgen. Doch auch die Reaktion von Allyl- mit Propargylradikalen kann daran beteiligt sein. Durch diese Reaktion entsteht Fulven, das sich leicht zum Aromaten Benzol umlagert [11, 113]. Die PAHs wachsen, wobei die Abstraktion eines H-Atoms und anschließende Reaktion mit einem Ethinmolekül zur Zeit als wahrscheinlichster Wachstumsweg angesehen wird (HACA-Mechanismus [114]). Erreichen die PAHs eine bestimmmte Größe, kommt es zu Kondensations- und Koagulationsprozessen und es entsteht Ruß.

Liegen Allyl- und Aminoradikale gemeinsam vor, wie etwa bei der Verbrennung stickstoffhaltiger Verbindungen [9] oder beim Reburning-Verfahren [115], könnte die bimolekulare Reaktion

$$CH_2 = CH - CH_2 + NH_2 \longrightarrow CH_2 = CH - CH_2NH_2 \qquad (R_{6.1})$$

eine vorübergehende Senke für diese beiden Radikale darstellen. Über die Kinetik der Reaktion $R_{6.1}$ liegen derzeit keinerlei Daten vor. Über das Prinzip des detaillierten Gleichgewichtes (siehe auch Kapitel 3.5) ist die Geschwindigkeitskonstante $k_{R_{6.1}}$ mit der Geschwindigkeitskonstanten der Rückreaktion verknüpft. Im Rahmen der vorliegenden Arbeit wurde unter anderem auch deshalb der thermische Zerfall von Allylamin zu $C_3H_5$ und $NH_2$ untersucht.

Allylamin kann prinzipiell über mehrere Kanäle zerfallen, wobei die zwei folgenden mit Hilfe quantenchemischer Rechnungen, die in unserer Gruppe durchgeführt wurden [116], als die Hauptkanäle identifiziert werden konnten:

$$CH_2 = CH - CH_2NH_2 \longrightarrow CH_2 = CH - CH_2 + NH_2 \qquad (R_{6.2})$$

$$CH_2 = CH - CH_2NH_2 \longrightarrow CH_2 = CH - CHNH_2 + H \qquad (R_{6.3})$$

Die Energiedifferenz der Produkte dieser Reaktionen zum Reaktanden Allylamin (ohne Berücksichtigung der Nullpunktsschwingungsenergien) liegt für Reaktion $R_{6.2}$ bei 326,8 kJ mol$^{-1}$ und für Reaktion $R_{6.3}$ bei 363,4 kJ mol$^{-1}$ (CCSD(T)/CBS//B3LYP/cc-pVTZ ohne *Counterpoise*-Korrektur des Basissatzsuperpositionsfehlers). Für zwei weitere hier nicht aufgelistete Reaktionen, den C-C-Bindungsbruch der C-C-Einfachbindung und die Abspaltung eines H-Atoms vom mittleren der drei C-Atome, also in $\beta$-Stellung zur NH$_2$-Gruppe, betragen die Energiedifferenzen 385,7 kJ mol$^{-1}$ bzw. 452,6 kJ mol$^{-1}$. Sie dürften bei den in den Experimenten vorliegenden Bedingungen keine Rolle spielen.

Im Folgenden soll die experimentelle Bestimmung der Geschwindigkeitskonstante $k_{R_{6.2}}$ bei verbrennungsrelevanten Temperaturen durch zeitaufgelöste Detektion der gebildeten Aminoradikale mittels FMS erläutert werden. Die erhaltenen Ergebnisse wurden in

Zusammenarbeit mit N. González-García mit quantenchemischen Methoden und statistischer Reaktionstheorie analysiert. Die Standardbildungsenthalpie für Allylamin konnte abgeleitet werden. Darüber hinaus wurde die Geschwindigkeitskonstante der Reaktion von Allyl- mit Aminoradikalen $k_{R6.1}$ berechnet.

## 6.2 Durchführung der Experimente

Der thermische Zerall von Allylamin zu $C_3H_5$ und $NH_2$ wurde im Temperaturbereich zwischen 1180 und 1500 K für zwei Druckbereiche, im Mittel 1,6 und 4,9 bar, untersucht. Alle Messungen wurden hinter der reflektierten Stoßwelle durchgeführt.

Die Aminoradikale wurden durch FMS wie zuvor beschrieben (Kapitel 5.2 und 5.3) auf dem Maximum des FM-Absorptionssignals des überlappenden Dubletts der $NH_2$-Absorptionslinie bei 597,371 nm nachgewiesen. Die exakte Wellenlängeneinstellung erfolgte mit Hilfe einer $NH_3/O_2$-Flamme (siehe Abb. 5.5). Der Demodulationsphasenwinkel wurde vor jedem Stoßwellenexperiment mit Hilfe des Phasenschiebers und der zwei vor und hinter dem elektrooptischen Modulator angebrachten Polarisatoren auf reine Absorption, also 0° oder 180°, eingestellt.

Es wurden Mischungen mit 10,5 bis 197,6 ppm Allylamin ($> 99,5$ %, Fluka) in Argon (99,9999 %, Air Liquide) als Badgas hergestellt, die Anfangskonzentration von Allylamin $[C_3H_5NH_2]_0$ lag damit zwischen 2,0 und 32,7 $\cdot 10^{-10}$ mol cm$^{-3}$. Die Reaktionsbedingungen aller Messungen zum Allylaminzerfall sind zusammen mit den Ergebnissen für die Geschwindigkeitskonstante $k_{R6.2}$ in den Tabellen 8.4 und 8.5 im Anhang aufgelistet. Bei der Berechnung der dort angegebenen Zustandsdaten wurde eine Realgaskorrektur auf Grundlage thermochemischer Daten aus Referenz [26] durchgeführt.

## 6.3 Ergebnisse und Diskussion

### 6.3.1 Experimentelle Ergebnisse

In Abbildung 6.1 sind drei typische $NH_2$-Konzentrations-Zeit-Profile gezeigt. Die detektierte Signalintensität $I_{FM}$ wurde mit Hilfe von Gleichung 5.3 (Kapitel 5.2) in die $NH_2$-Konzentration umgerechnet.

Obwohl aufgrund der hohen Sensitivität des Nachweises von $NH_2$ mittels FMS mit hoch verdünnten Mischungen gearbeitet werden konnte, war ein vollständiges Unterdrücken bimolekularer Folgereaktionen nicht möglich. Die Ausgangskonzentration an Allylamin lag

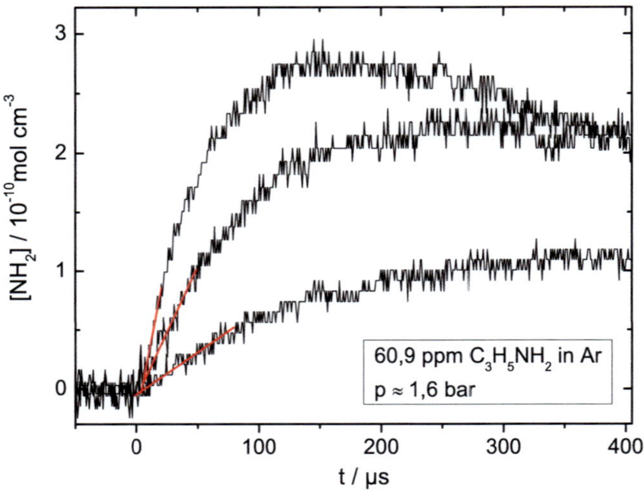

Abbildung 6.1: $NH_2$-Konzentrations-Zeit-Profile für T = 1225 K, 1284 K und 1335 K, Anfangsanstieg steigt mit zunehmender Temperatur (siehe Tabelle 8.4 für genaue Reaktionsbedingungen, $[C_3H_5NH_2]_0 \approx 9{,}4{\cdot}10^{-10}$ mol cm$^{-3}$), in Rot: lineare Anpassung an das Anfangssignal.

bei den in Abbildung 6.1 gezeigten Signalen zwischen 8,95 und $9{,}96{\cdot}10^{-10}$ mol cm$^{-3}$, die maximal detektierte Konzentration an $NH_2$ liegt wie zu erkennen deutlich darunter. Selbst bei den Messungen mit der niedrigsten Allylaminkonzentration von ungefähr $2{\cdot}10^{-10}$ mol cm$^{-3}$ (15,6 ppm $C_3H_5NH_2$ in Ar, Experimente bei ca. 1,6 bar) wurde nur eine Maximalkonzentration an $NH_2$ von etwa $1{\cdot}10^{-10}$ mol cm$^{-3}$ gemessen. Deutlich bemerkbar ist auch ein mit steigender Temperatur steiler werdendes Abfallen der Signale nach Erreichen des Maximums. In Konkurrenz zur $NH_2$-Abspaltung (Reaktion $R_{6.2}$) kann zudem auch eine H-Abspaltung (Reaktion $R_{6.3}$) stattfinden.

Zur Ermittlung der Geschwindigkeitskonstante $k_{R_{6.2}}$ wurde der lineare Anfangsanstieg der Signale ausgewertet, der für $t \to 0$ proportional zu $k_{R_{6.2}}$ ist.

$$k_{R_{6.2}} = \frac{1}{[C_3H_5NH_2]_0} \cdot \left(\frac{d[NH_2]}{dt}\right)_{t \to 0} \tag{6.1}$$

Die Anfangskonzentration an Allylamin $[C_3H_5NH_2]_0$ wurde mit Hilfe der in Kapitel 3.1.2 vorgestellten Gleichungen aus der manometrisch bestimmten Konzentration der Testgasmischung, den vor dem Experiment vorliegenden Zustandsdaten ($T_1$ und $p_1$) und der

Geschwindigkeit der einfallenden Stoßwelle berechnet. Dass mit sehr unterschiedlich stark verdünnten $C_3H_5NH_2$/Ar-Mischungen konsistente Werte für $k_{R_{6.2}}$ erhalten wurden, die keine systematische Abhängigkeit von $[C_3H_5NH_2]_0$ zeigen, rechtfertigt das Verfahren zur Auswertung der Messungen. Eine Adsorption des Allylamin an der Wand würde sich beispielsweise in einer Konzentrationsabhängigkeit der Ergebnisse bemerkbar machen.

Es wurde auch überprüft, ob einzig Reaktion $R_{6.2}$ für den Anfangsanstieg der $NH_2$-Konzentration verantwortlich ist. Dazu wurden mehrere zusätzliche Reaktionen bedacht, wie der zweite Allylaminzerfallskanal $R_{6.3}$ oder auch die Reaktionen von $NH_2$ mit H und mit Allylamin. Das modellierte Signal wird im zur Bestimmung von $k_{R_{6.2}}$ ausgewerteten Bereich ausschließlich durch die Reaktion $C_3H_5NH_2 \rightarrow C_3H_5 + NH_2$ bestimmt. Dies gilt selbst dann, wenn die Geschwindigkeitskonstante des Zerfalls zu $C_3H_4NH_2 + H$ um ein vielfaches größer wäre als die Geschwindigkeitskonstante der $NH_2$-Abspaltung.

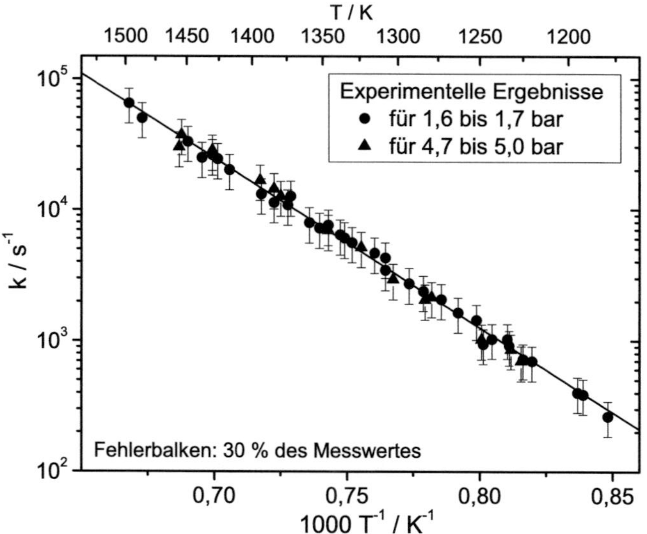


Abbildung 6.2: Arrheniusauftragung für $k_{R_{6.2}}$. Schwarze Linie: Beste Anpassung an die gemessenen Werte (Gleichung 6.2).

Eine Arrheniusauftragung der so erhaltenen Werte für die Geschwindigkeitskonstante $k_{R_{6.2}}$ ist in Abbildung 6.2 gegeben. Wie für eine Zerfallsreaktion erwartet ist eine positive Temperaturabhängigkeit zu erkennen. Im Rahmen der Genauigkeit der Experimente, die etwa bei 30 % liegt, ist allerdings keine Druckabhängigkeit feststellbar. Die Geschwindigkeitskonstante scheint bei einer Verdreifachung des Druckes von im Mittel 1,63 bar auf 4,85 bar nicht anzusteigen.

Die Temperaturabhängigkeit von $k_{R_{6.2}}$ lässt sich für alle im Rahmen der vorliegenden Arbeit ermittelten Werte am besten mit folgender Arrheniusgleichung beschreiben:

$$k_{R_{6.2}}(T) = 2,85 \cdot 10^{13} \cdot \exp\left(\frac{\text{-247,8 kJ mol}^{-1}}{RT}\right) \text{s}^{-1} \tag{6.2}$$

In der Literatur konnten keine weiteren Arbeiten zum Zerfall von Allylamin gefunden werden. Es gibt allerdings Messungen zur $NH_2$-Abspaltung beim thermischen Zerfall von Monomethylamin (MMA, $CH_3NH_2$) [107, 45, 117, 118, 119] und Benzylamin ($C_6H_5CH_2NH_2$) [99, 120]. Bei den meisten der hier zitierten Arbeiten wurden Stoßwellenuntersuchungen bei verbrennungsrelevanten Temperaturen durchgeführt. Zum Vergleich sind in Abbildung 6.3 die Ergebnisse für die Geschwindigkeitskonstanten aus den Referenzen [45] und [99] zusammen mit den Ergebnissen zur Pyrolyse von Allylamin aus der vorliegenden Arbeit aufgetragen.

In den drei älteren Veröffentlichungen [117, 118, 119] zum Monomethylaminzerfall,

$$CH_3NH_2 \longrightarrow CH_3 + NH_2, \tag{$R_{6.4}$}$$

wurde mit relativ hohen Mischungsanteilen von 2 bis 5 % MMA gearbeitet. Hanson et al. gelang es in Stoßwellenexperimenten durch Detektion der $NH_2$-Radikale mit schmalbandigem Laserlicht mit einer Wellenlänge von etwa 375,375 nm das Mischungsverhältnis auf 100 ppm zu erniedrigen [107]. Diese Autoren bestimmten die Geschwindigkeitskonstante $k_{R_{6.4}}$ für Temperaturen zwischen 1550 und 1900 K. Durch Messungen bei 1,6 und 3,5 bar konnte festgestellt werden, dass sich die Reaktion bei diesen Bedingungen fast noch im Niederdruckbereich befindet. Die Werte für $k_{R_{6.4}}$ wurden kurz darauf durch dieselbe Gruppe etwas korrigiert [45], wobei $NH_2$ noch sensitiver mittels FMS bei derselben Absorptionsbande detektiert wurde. Die Geschwindigkeitskonstante des MMA-Zerfalls konnte so für 1530 bis 1975 K bei etwa 1,3 bar bestimmt werden. Verglichen mit den Messungen zum Allylaminzerfall wurde aufgrund der kleineren Zerfallsgeschwindigkeit bei etwas höheren Temperaturen gemessen. Die ermittelten Geschwindigkeitskonstanten zweiter Ordnung wurden in Geschwindigkeitskontanten erster Ordnung umgerechnet und in Abbildung 6.3 aufgetragen.

Der Zerfall des Benzylamins

$$C_6H_5CH_2NH_2 \longrightarrow C_6H_5CH_2 + NH_2 \tag{$R_{6.5}$}$$

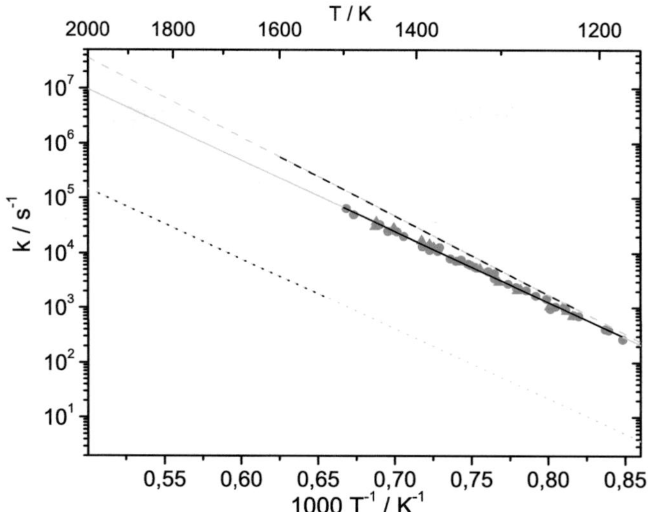


Abbildung 6.3: Geschwindigkeitskonstanten erster Ordnung für den Zerfall von Allylamin bei 1,6 bis 5,0 bar (durchgezogene Linien, Symbole wie in 6.2) und von Benzylamin [99] (gestrichelte Linien) und Monomethylamin [45] (gepunktete Linien) bei etwa 1,3 bar. Schwarze Linien kennzeichnen den jeweiligen Messbereich.

wurde von Golden et al. in VLPP-Experimenten (very low pressure pyrolysis) [120] und im Stoßrohr [99] durch Nachweis von $NH_2$ mit FMS bei ähnlichen Bedingungen wie in den hier diskutierten Messungen zum Allylaminzerfall untersucht. Die Ergebnisse für $k_{R6.5}$ bei 1,19 bis 1,47 bar und Temperaturen zwischen 1225 und 1599 K sind ebenfalls in Abbildung 6.3 eingezeichnet. Golden und seine Mitarbeiter stellten fest, dass bei diesen Bedingungen der Hochdruckbereich für Reaktion $R_{6.5}$ schon fast erreicht ist.

Die Absolutwerte der Geschwindigkeitskonstanten für die Abspaltung von $NH_2$ steigen also bei Drücken von etwas über einem bar und Temperaturen zwischen 1200 und 2000 K vom Monomethylamin ($R_{6.4}$) über das Allylamin ($R_{6.2}$) zum Benzylamin ($R_{6.5}$) an, wobei der Unterschied zwischen Allylamin und Benzylamin weniger gravierend als der zum MMA ist:

$$k_{R_{6.4}} \ll k_{R_{6.2}} < k_{R_{6.5}}$$

Während die Reaktion $R_{6.4}$ sich an der Schwelle vom Niederdruckbereich zum Falloffregime zu befinden scheint, ist $R_{6.5}$ bei ähnlichen Bedingungen schon fast im Hochdruckbereich angelangt.

Man könnte nun vermuten, dass sich Reaktion $R_{6.2}$ im Falloffbereich befindet, da die Zustandsdichte von Allylamin zwischen der von MMA und Benzylamin liegt. Sie ist wesentlich geringer als im Benzylamin. Deshalb würde man erwarten, dass bei vergleichbaren Temperaturen und Drücken, wenn für die $NH_2$-Abspaltung beim Benzylamin der Hochdruckgrenzwert noch nicht vollständig erreicht ist, auch die Reaktion von Allylamin zu Allyl- und Aminoradikalen noch nicht im Hochdruckgebiet ist. Man sollte also wenigstens eine leichte Druckabhängigkeit beobachten können. Innerhalb der experimentellen Genauigkeit konnte allerdings überhaupt keine Druckabhängigkeit festgestellt werden. Dies ist nach obiger Diskussion überraschend. Aus den experimentellen Ergebnissen zum Allylaminzerfall und dem Vergleich mit den Arbeiten zum Monomethylamin- und Benzylaminzerfall ergibt sich also die Frage, warum in den Messungen zum Allylaminzerfalls keine Druckabhängigkeit beobachtet wurde.

## 6.3.2 Molekularkinetische Modellierung

Mit dem Ziel, die fehlende Druckabhängigkeit erklären zu können und die molekularen Vorgänge des Allylaminzerfalls besser zu verstehen, wurden quantenchemische Rechnungen durchgeführt, auf deren Grundlage dann mittels s-SACM-Rechnungen spezifische und durch eine Mastergleichungsanalyse thermische Geschwindigkeitskonstanten ermittelt werden konnten. Dabei ist zu beachten, dass nicht nur der Reaktionskanal, der zur $NH_2$-Abspaltung führt (Reaktion $R_{6.2}$), durchlaufen werden kann, sondern es auch zum C-H-Bindungsbruch in $\alpha$-Stellung zur $NH_2$-Gruppe kommen kann (Reaktion $R_{6.3}$).

### Molekülgeometrien und Energien

Weil sowohl Reaktion $R_{6.2}$ als auch Reaktion $R_{6.3}$ für die Abreaktion des Allylamin bei den in den Experimenten vorliegenden Bedingungen ($T$ zwischen 1180 und 1500 K, $p$ zwischen 1,6 und 5 bar) eine Rolle spielen können, müssen für die angestrebte Berechnung der thermischen Geschwindigkeitskonstanten $k_{R_{6.2}}(T, p)$ die Schwellenenergien und spezifischen Geschwindigkeitskonstanten für beide Reaktionskanäle bekannt sein. Die benötigten Parameter (Schwellenenergien, Schwingungsfrequenzen und Rotationskonstanten) wurden, da in der Literatur keine Daten gefunden werden konnten, in unserer Gruppe quantenchemisch berechnet [116].

Weder für Reaktion $R_{6.2}$ noch für Reaktion $R_{6.3}$ konnte ein Übergangszustand gefunden werden. Die Konfigurationen, Schwingungsfrequenzen und Rotationskonstanten des

Allylamin selbst und der Produkte $C_3H_5$ und $NH_2$ bzw. $C_3H_4NH_2$ und H wurden auf Grundlage der Dichtefunktionaltheorie (DFT) [121] mit dem B3LYP-Funktional [122] und dem korrelationskonsistenten Triple-$\zeta$-Basissatz (cc-pVTZ) von Dunning [123, 124] berechnet. Alle erhaltenen harmonischen Schwingungsfrequenzen wurden mit dem Skalierungsfaktor 0,9682 multipliziert [125]. Die Ergebnisse sind in Tabelle 8.6 im Anhang aufgelistet.

Auf der Grundlage der so ermittelten Geometrien, wurden mit der *Coupled-Cluster*-Methode [126, 127] die Energien von Edukt und Produkten optimiert. Diese *Single-Point*-Rechnungen wurden mit *Single-* und *Double*-Anregungen sowie *Triple*-Korrekturen (CCSD(T)) [128] ausgeführt. Dunnings korrelationskonsistente *Triple-$\zeta$-* und *Quadruple-$\zeta$*-Basissätze (cc-pVTZ und cc-pVQZ) [123, 124] wurden verwendet und es fand eine *Counterpoise*-Korrektur des Basissatzsuperpositionsfehlers statt. Mit dem Helgaker-Extrapolationsschema [129, 130] wurde das Basissatzlimit (complete basis set (CBS) limit) berechnet. Alle Rechnungen wurden mit dem *Gaussian03*-Programmpaket [131] durchgeführt, das einen spin-unbeschränkten Formalismus zur Beschreibung der Wellenfunktionen offenschaliger Spezies beinhaltet.

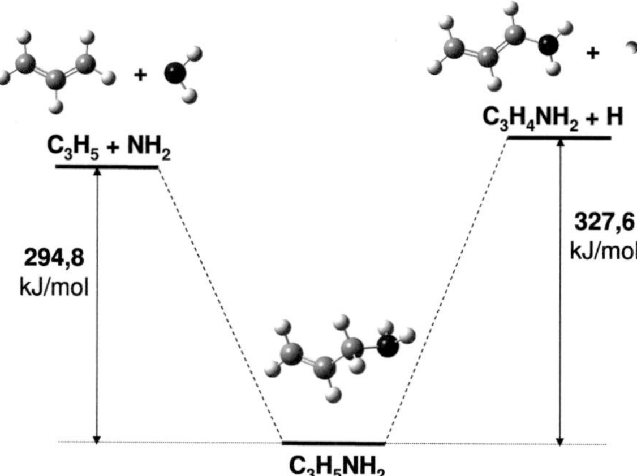


Abbildung 6.4: Relative Energien der Zerfallsprodukte $C_3H_5$ + $NH_2$ und $C_3H_4NH_2$ + H im Vergleich zur Energie des Allylamin bei 0 K, berechnet mit CCSD(T)/CBS//B3LYP/cc-pVTZ.

Die relativen Energien der Produkte der beiden energetisch am tiefsten liegenden Zerfallskanäle des Allylamin, Reaktion $R_{6.2}$ und $R_{6.3}$, sind in Abbildung 6.4 gezeigt. Die Nullpunktsschwingungsenergien wurden berücksichtigt, das heißt, die angegebenen Energien in kJ mol$^{-1}$ entsprechen den Standardreaktionsenthalpien bei 0 K.

Die Schwelle des Kanals, der zur H-Abspaltung führt, liegt etwa 33 kJ mol$^{-1}$ über der des Kanals für die NH$_2$-Abspaltung. Um die temperatur- und druckabhängige Geschwindigkeitskonstante $k_{R_{6.2}}(T, p)$ berechnen zu können und eventuell beantworten zu können, wie groß das Verzweigungsverhältnis von Reaktion $R_{6.2}$ zur Reaktion $R_{6.3}$ ist, muss eine Mastergleichungsanalyse durchgeführt werden. Alle Mastergleichungsrechnungen wurden mit dem von M. Olzmann geschriebenen Programm *eigvss* durchgeführt [132]. Es müssen zuerst die spezifischen Geschwindigkeitskonstanten für beide Reaktionen $k_{R_{6.2}}(E)$ und $k_{R_{6.3}}(E)$ berechnet werden.

## Geschwindigkeitskonstanten

Da für keinen der beiden Reaktionskanäle im Rotationsgrundzustand (J $= 0$) ein Maximum auf dem Energieminimumweg zwischen Reaktand und Produkten gefunden werden konnte, konnten die spezifischen Geschwindigkeitskonstanten nicht mit der RRKM-Theorie berechnet werden, sondern es musste auf s-SACM zurückgegriffen werden. Für die s-SACM-Rechnungen wurde das Programm *sacm* verwendet [133].

Wie in Kapitel 3.5.3 beschrieben, können nach der statistischen Theorie unimolekularer Reaktionen spezifische Geschwindigkeitskonstanten mit Gleichung 3.73 berechnet werden:

$$k(E) = L\frac{W(E)}{h\rho(E)}$$

Hier ist $\rho(E)$ die Zustandsdichte des Eduktes, im Fall der Reaktionen $R_{6.2}$ und $R_{6.3}$ also die des Allylamin. Verläuft eine Reaktion über einen lockeren Übergangszustand, so besteht das Hauptproblem darin, die richtige Molekülkonfiguration zu finden, für die die Summe der Zustände $W(E)$ ausgezählt wird. $W(E)$ entspricht im Rahmen von s-SACM der Anzahl offener Reaktionskanäle und wird durch Parameter des Reaktanden, der Produkte und durch das Verhältnis von $\alpha$ zu $\beta$, von dem auch die Lage des Übergangszustandes auf der Potentialfläche und somit seine Geometrie und Energie abhängt, charakterisiert.

Die Abhängigkeit der spezifischen Geschwindigkeitskonstanten von der Drehimpulsquantenzahl $J$ wurde bei allen Berechnungen vernachlässigt. Es wurde für etwa die mittlere Temperatur der Experimente die mittlere thermische Drehimpulsquantenzahl $\langle J \rangle$ berechnet und für dieses mittlere $J$ dann $W(E)$ und $\rho(E)$. Allylamin besitzt bei 1300 K eine gemittelte Rotationsquantenzahl von 75. Die Reaktionswegentartung $L$ ist für Reaktion $R_{6.2}$ gleich eins und für Reaktion $R_{6.3}$ gleich zwei.

Allylamin wird bei den s-SACM-Rechnungen zum C-N-Bindungsbruch als *quasitriatomic* beschrieben [85]. Das heißt, man behandelt es wie ein aus einem $H_2C=CH$-, einem $CH_2$- und einem $NH_2$-Fragment bestehendes Teilchen, von dem die $NH_2$-Gruppe abdissoziiert. Da für die H-Abspaltung (Reaktion $R_{6.3}$) die Berechnung der benötigten Schwerpunkte der drei Fragmente schwieriger ist, wurde hier das Allylamin in nur zwei Fragmente, H und $C_3H_4NH_2$, unterteilt, der Reaktand wird als *quasidiatomic* behandelt [85]. Der Einfluss der Wahl der Fragmente und Schwerpunkte hat im Übrigen nur wenig Einfluss auf die berechneten Werte für die spezifischen Geschwindigkeitskonstanten.

Aufgrund der Konkurrenz der beiden Reaktionskanäle und der Tatsache, dass durch die im Rahmen der vorliegenden Arbeit durchgeführten Messungen lediglich Informationen über die $NH_2$-Abspaltung gewonnen werden konnten, ist die Wahl des Verhälnisses zwischen dem Interpolationsparameter $\alpha$ und dem Morseparameter $\beta$ nicht ganz einfach. Typisch sind Werte zwischen 0,3 und 0,6 [87]. Wählt man allerdings zum Beispiel für beide Reaktionswege $\alpha/\beta = 0{,}5$, so sind die errechneten spezifischen Geschwindigkeitskonstanten für Reaktion $R_{6.2}$ zu hoch. Durch die Mastergleichungsanalyse erhält man thermische Geschwindigkeitskonstanten $k_{R_{6.2}}(T, p)$, die in Bezug auf die Messergebnisse etwa eine Größenordnung zu groß sind. Reaktion $R_{6.3}$ wäre dann bei den experimentellen Bedingungen etwa um den Faktor 10 langsamer als Reaktion $R_{6.2}$. Erniedrigt man nun nur $\alpha/\beta$ für den Bruch der C-N-Bindung, so dreht sich das Verhältnis der Geschwindigkeiten der beiden Reaktionen trotz höherer Barriere für den C-H-Bindungsbruch um. Auf jeden Fall muss $\alpha/\beta$ für die Reaktion $R_{6.2}$ auf kleine Werte zwischen 0,2 und 0,3 reduziert werden, um ungefähr die experimentellen Ergebnisse durch die Rechnungen zu reproduzieren. Dies spricht dafür, dass der Übergangszustand sehr eduktähnlich und trotz fehlender Barriere relativ starr ist.

Das Problem ist nun, dass man im Prinzip nur eine Information hat, nämlich die gemessenen Werte für die Geschwindigkeitskonstante $k_{R_{6.2}}(T, p)$, und drei unbekannte Parameter, $\alpha/\beta$ für beide Zerfallsreaktionen des Allylamin, und zusätzlich die mittlere pro Abwärtsstoß übertragene Energie $\langle \Delta E \rangle_d$ (also $\Delta E_{SL}$). Des Weiteren stellt sich die Frage, ob ein niedriger Wert für $\alpha/\beta$ für Reaktion $R_{6.2}$ gerechtfertigt ist. Es werden weitere Informationen benötigt.

Eine untersuchte Reaktion, die Reaktion $R_{6.2}$ sehr ähnlich ist, ist der schon weiter oben erwähnte Zerfall des Benzylamin $R_{6.5}$. Diese Reaktion verläuft ebenfalls über einen lockeren Übergangszustand und befindet sich zudem fast im Hochdruckbereich [99]. Golden und Mitarbeiter führten zusätzlich zu den Messungen auch Berechnungen mit Hilfe quantenchemischer Methoden und statistischer Theorien unimolekularer Reaktionen durch. Allerdings wurden von ihnen die spezifischen Geschwindigkeitskonstanten nicht mit (s-)SACM, sondern mit dem gehinderten Gorin-Modell [134] berechnet. Sie geben auch einen Hochdruckgrenzwert für die Geschwindigkeitskonstante $k_{R_{6.5}}(T,p)$ an.

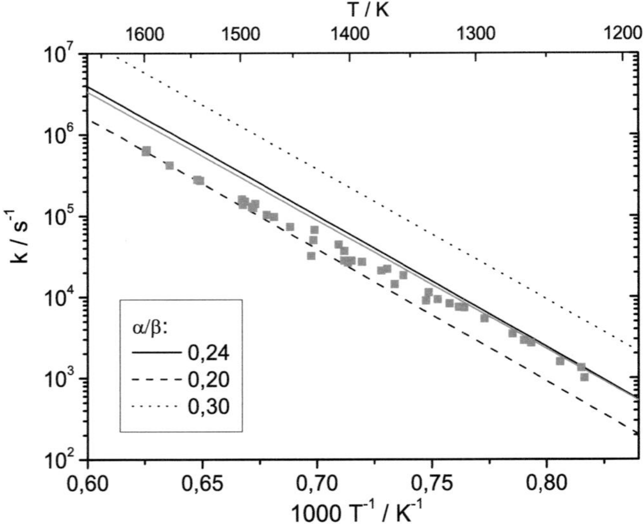


Abbildung 6.5: Aus s-SACM-Rechnungen abgeleitete Hochdruckgrenzwerte $k_\infty(T)$ des Benzylaminzerfalls (Reaktion $R_{6.5}$) für verschiedene Werte von $\alpha/\beta$ (schwarze Linien). In Grau: Experimentelle Ergebnisse für p $\approx$ 1,3 bar (Quadrate) und Berechnung für $k_\infty(T)$ (Linie) aus Ref. [99].

Es wurden nun für die vorliegende Arbeit quantenchemische Rechnungen für die Geometrien [116] und eine s-SACM-Rechnung auf deren Grundlage durchgeführt (die Daten sind im Anhang in Tabelle 8.7 zu finden). Als Schwellenenergie wurde dabei der in Referenz [99] angegebene Wert von 305 kJ mol$^{-1}$ eingesetzt. Mit den berechneten spezifischen Geschwindigkeitskonstanten erhält man über Gleichung 3.64 direkt die Hochdruckgrenzwerte $k_\infty(T)$ für Reaktion $R_{6.5}$. Sie stimmmen mit den von Golden et al. für den Hochdruckbereich angegebenen am besten überein, wenn man $\alpha/\beta = 0,24$ setzt. Man muss also, um die Ergebnisse für den Benzylaminzerfall zu reproduzieren, in den s-SACM-Rechnungen einen niedrigen Wert für das Verhältnis von $\alpha$ zu $\beta$ wählen. Das lässt die Annahme zu, dass auch für die NH$_2$-Abspaltung vom Allylamin ein kleines $\alpha/\beta$ wahrscheinlich die adäquateste Beschreibung liefert. In Abbildung 6.5 sind die Ergebnisse der Rechnungen zur Pyrolyse von Benzylamin zusammen mit den in Referenz [99] veröffentlichten aufgetragen. Auch der Einfluss von $\alpha/\beta$ soll dort verdeutlicht werden.

Bei den s-SACM-Rechnungen zum Allylaminzerfall wurde für beide Reaktionskanäle, Reaktion $R_{6.2}$ und $R_{6.3}$, für $\alpha/\beta$ ein Wert von 0,24 eingesetzt. Mit den damit erhaltenen spezifischen Geschwindigkeitskonstanten wurde dann eine Mastergleichungsanalyse durchgeführt.

In der Mastergleichung (Gleichung 3.61) wird neben den spezifischen Geschwindigkeitskonstanten auch die Stoßhäufigkeit $\omega$ und die Stoßübergangswahrscheinlichkeit P benötigt (siehe Kapitel 3.5.2). Es wird oft die Lennard-Jones-Stoßfrequenz $\omega_{LJ}$ verwendet, zu deren Berechnung allerdings molekül- und badgasspezifische Parameter benötigt werden, die für Allylamin nicht bekannt sind. Das Stoßverhalten von $C_3H_5NH_2$ sollte aber mit dem von $n\text{-}C_3H_7OH$ vergleichbar sein. Zur Berechnung der Stoßhäufigkeit wurden deshalb die Lennard-Jones-Parameter des Allylamin durch die des n-Propanol angenähert und somit folgende Werte verwendet [74]: $\epsilon(C_3H_5NH_2)/k_B = 580$ K, $\sigma(C_3H_5NH_2) = 4,5$ Å, $\epsilon(Ar)/k_B = 93$ K, $\sigma(Ar) = 3,5$ Å($k_B$: Boltzmannkonstante).

Zur Beschreibung der Stoßübergangswahrscheinlichkeiten $P(E',E)$ wurde das Step-ladder-Modell verwendet. $\Delta E_{SL}$ wurde so gewählt, dass die berechneten Absolutwerte für die Geschwindigkeitskonstante $k_{R_{6.2}}(T,p)$ möglichst gut mit den Messwerten übereinstimmen. Dies ist am besten erfüllt, wenn man für $\Delta E_{SL}$ ($= \langle \Delta E \rangle_d$) einen Wert von 350 cm$^{-1}$ verwendet.

Die diskretisierte Mastergleichung (Gleichung 3.62) wurde mit einer Schrittweite von 10 cm$^{-1}$ gelöst. Mit Standardroutinen für tridiagonale Matrizen [135] wurden der am wenigsten negative Eigenwert und der dazugehörende Eigenvektor berechnet. (Siehe auch [76].)

Den Hochdruckgrenzwert $k_\infty$ für Reaktion $R_{6.2}$ kann man sowohl mit Gleichung 3.64 und den ermittelten spezifischen Geschwindigkeitskonstanten aus der s-SACM-Rechnung (bezeichnet mit $k_\infty^{SACM}$) als auch durch Lösen der Mastergleichung für hohe Drücke (bezeichnet mit $k_\infty^{MG}$) erhalten. Mit der Mastergleichung ergeben sich deutlich niedrigere Werte als „direkt" aus der s-SACM-Rechnung ($4 \cdot k_\infty^{MG} \approx k_\infty^{SACM}$)). Grund hierfür ist wahrscheinlich, dass die Berechnungen nicht in Abhängigkeit von der Drehimpulsquantenzahl J, sondern für eine gemittelte Drehimpulsquantenzahl $\langle J \rangle$ durchgeführt wurden. Auf die Mastergleichungsanalyse hat dies einen größeren Einfluss als auf die s-SACM-Rechnung. Mit der Mastergleichung scheint man nicht in der Lage zu sein, $k_\infty$ für Reaktion $R_{6.2}$ korrekt wiederzugeben. Es wird angenommen, dass die Hochdruckgrenzwerte

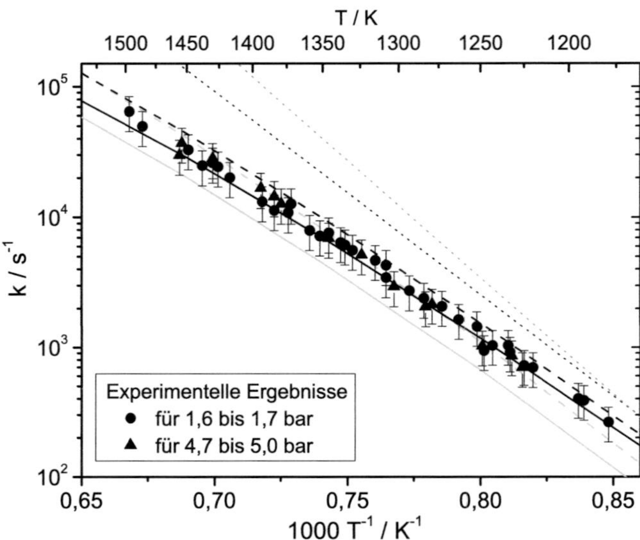



Abbildung 6.6: Ergebnisse der Mastergleichungsanalyse. Schwarze durchgezogene bzw. unterbrochene Linie: $k_{R_{6.2}}(T,p)$ berechnet für 1,63 bar bzw. 4,85 bar. Graue durchgezogene bzw. unterbrochene Linie: $k_{R_{6.3}}(T,p)$ berechnet für 1,63 bar bzw. 4,85 bar. Gepunktete Linien: Hochdruckgrenzwerte.

$k_\infty^{SACM}$ die exakteren sind. Die Mastergleichungsanalyse wurde daher lediglich verwendet, um den Verlauf der Druckabhängigkeit von $k_{R_{6.2}}$ zu beschreiben, die Absolutwerte wurden auf das Ergebnis der s-SACM-Rechnung skaliert. Die mit den Experimenten zu vergleichende Geschwindigkeitskonstante $k_{R_{6.2}}(T,p)$ wurde wie folgt aus den für die jeweiligen Bedingungen mit der Mastergleichung erhaltenen Werten $k^{MG}(T,p)$ berechnet:

$$k_{R_{6.2}}(T,p) = \frac{k_\infty^{SACM}(T)}{k_\infty^{MG}(T)} \cdot k^{MG}(T,p) \tag{6.3}$$

Bei der Berechnung von $k_{R_{6.3}}(T,p)$ wurde analog verfahren.

Die so skalierten Ergebnisse der Mastergleichungsanalyse sind für beide Reaktionskanäle zusammen mit den experimentellen Ergebnissen für die $NH_2$-Bildung in Abbildung 6.6 gezeigt. Die erhaltene Geschwindigkeitskonstante $k_{R_{6.3}}(T,p)$ und das Verzweigungsverhältnis sollten aufgrund der Tatsache, dass $\alpha/\beta$ für den H-Abspaltungskanal dem für die $NH_2$-Abspaltung gleichgesetzt wurde, da es keine kinetischen Daten zu diesem Kanal gibt, nicht zu stark bewertet werden. Aus den Berechnungen folgt, dass Reaktion $R_{6.3}$ bei den gegebenen Bedingungen nur leicht langsamer abläuft als Reaktion $R_{6.2}$. Bei höheren Temperaturen scheint die H-Abspaltung gegenüber der $NH_2$-Abspaltung an Bedeutung zu gewinnen.

Die Absolutwerte der berechneten Geschwindigkeitskonstante $k_{R_{6.2}}(T, p)$ stimmen gut mit den experimentellen Ergebnissen überein. Auch die Temperaturabhängigkeit wird sehr gut reproduziert. Bei einer circa dreifachen Erhöhung des Druckes (von im Mittel 1,63 auf 4,85 bar) steigt die berechnete Geschwindigkeitskonstante am unteren Temperaturlimit etwa auf das 1,2-fache und am oberen Limit ungefähr auf das 1,6-fache an. Dies würde bedeuten, dass sich die Reaktion nicht mehr im Niederdruckbereich, sondern im Falloffregime befindet. Im Vergleich mit den Zerfallsreaktionen von Monomethylamin und Benzylamin (Reaktionen $R_{6.4}$ und $R_{6.5}$), die bei ähnlichen Bedingungen im Niederdruck- bzw. fast im Hochdruckbereich sind, ist dies wie oben schon diskutiert auch so für den Allylaminzerfall zu erwarten. Die Druckabhängigkeit von Reaktion $R_{6.2}$ scheint unter den experimentellen Bedingungen nicht sehr ausgeprägt, die berechneten Kurven für beide Druckbereiche liegen innerhalb der Fehlergrenzen der meisten Messwerte.

Es sei angemerkt, dass man durch die Mastergleichungsrechnung zu etwa denselben Werten für die Geschwindigkeitskonstante $k_{R_{6.2}}(T, p)$ gelangt, wenn man das Verhältnis von $\alpha$ zu $\beta$ und somit die spezifischen Geschwindigkeitskonstanten für Reaktion $R_{6.2}$ erniedrigt oder/und für Reaktion $R_{6.3}$ erhöht und gleichzeitig einen größeren Wert für $\Delta E_{SL}$ wählt. Für ein größeres $\Delta E_{SL}$ wird der Hochdruckbereich bereits bei niedrigeren Drücken erreicht als für ein kleineres. Je höher $\Delta E_{SL}$ ist, umso schwächer wird die berechnete Druckabhängigkeit, also umso näher rücken die Geschwindigkeitskonstanten $k_{R_{6.2}}(T, p)$ für die beiden Druckbereiche zusammen. Es wäre also durchaus auch möglich, dass die Druckabhängigkeit der Reaktion von Allylamin zu Allyl- und Aminoradikalen noch schwächer ist, als es die durchgeführten Mastergleichungsrechnungen voraussagen. Die in Abbildung 6.6 ebenfalls eingezeichneten Hochdruckgrenzwerte für die beiden Zerfallsreaktionen sind deshalb auch mit einer großen Unsicherheit behaftet und sollten nicht überinterpretiert werden. Hauptergebnis der Mastergleichungsanalyse ist die zufriedenstellende Reproduktion der experimentell beobachteten Temperatur- und Druckabhängigkeit der Geschwindigkeitskonstanten $k_{R_{6.2}}$.

### 6.3.3 Betrachtungen zur Thermochemie

Die Standardbildungsenthalpie von Allylamin $\Delta_f H^0_{C_3H_5NH_2}$ scheint im Gegensatz zu der der Allyl- und Aminoradikale nicht bekannt zu sein. Sie kann für 0 K aus der durch die

*Coupled-Cluster*-Rechnung gewonnenen Schwellenenergie $E_0$, die der Reaktionsenthalpie bei 0 K entspricht, und Literaturwerten für die Enthalpien der Allylradikale $\Delta_f H^0_{C_3H_5}$ und Aminoradikale $\Delta_f H^0_{NH_2}$ berechnet werden. Es besteht der folgende Zusammenhang:

$$E_0 = \Delta_f H^0_{C_3H_5}(0K) + \Delta_f H^0_{NH_2}(0K) - \Delta_f H^0_{C_3H_5NH_2}(0K) \qquad (6.4)$$

Mit den in der nachfolgenden Tabelle angegebenen Werten für $C_3H_5$ und $NH_2$ ergibt sich für Allylamin eine Standardbildungsenthalpie bei 0 K von 83 kJ mol$^{-1}$. In der Tabelle sind zum Vergleich auch die entsprechenden Werte für Benzylamin und die Radikale $C_6H_5CH_2$ und $NH_2$ aufgelistet. Mit * sind Werte aus der vorliegenden Arbeit gekennzeichnet.

| $C_3H_5NH_2 \rightarrow C_3H_5 + NH_2$ | | $C_6H_5CH_2NH_2 \rightarrow C_6H_5CH_2 + NH_2$ | |
|---|---|---|---|
| $\Delta_f H^0_{C_3H_5}(0K) = 185$ kJ/mol | [136] | $\Delta_f H^0_{C_6H_5CH_2}(0K) = 228$ kJ/mol | [99] |
| $\Delta_f H^0_{NH_2}(0K) = 192$ kJ/mol | [137] | $\Delta_f H^0_{NH_2}(0K) = 192$ kJ/mol | [137] |
| $\Delta_f H^0_{C_3H_5NH_2}(0K) = 83$ kJ/mol | * | $\Delta_f H^0_{C_6H_5CH_2NH_2}(0K) = 115$ kJ/mol | [138] |
| $E_0 = \Delta_r H^0_{R_{6.2}}(0K) = 294$ kJ/mol | * | $E_0 = \Delta_r H^0_{R_{6.5}}(0K) = 305$ kJ/mol | [99] |

Man erkennt, dass die Benzylradikale energetisch höher liegen als die Allylradikale und auch Benzylamin bei 0 K eine größere Standardbildungsenthalpie als Allylamin besitzt. Die Schwellenenergie für die $NH_2$-Abspaltung ist für Benzylamin 11 kJ mol$^{-1}$ größer als für Allylamin. Dennoch ist wie in Abbildung 6.3 zu sehen die experimentell ermittelte Geschwindigkeitskonstante des Zerfalls von Allylamin zu Allyl- und Aminoradikalen im untersuchten Temperatur- und Druckbereich kleiner als die für den Zerfall von Benzylamin zu Benzyl- und Aminoradikalen. Eine Erklärung hierfür ist, dass der Zerfall von Benzylamin sich wahrscheinlich schon weiter im Hochdruckbereich befindet. Für die Geschwindigkeitskonstante der Zerfallsreaktion des Benzylamin ist bei 1,3 bar und 1200 bis 1500 K der Hochdruckgrenzwert schon fast erreicht, während zumindest die Rechnungen für den Allylaminzerfall zu $C_3H_5$ und $NH_2$ darauf hindeuten, dass diese Reaktion sich im Falloffbereich befindet. Außerdem zerfällt Benzylamin fast ausschließlich zu $C_6H_5CH_2$ + $NH_2$ wohingegen beim Allylamin eine echte Konkurrenz zwischen zwei Zerfallskanälen zu bestehen scheint. Die Besetzung im Allylamin wird also durch die $NH_2$-Abspaltung und gleichzeitig durch die Abspaltung der H-Atome vermindert. Deshalb ist die Population niedriger als bei nur einer möglichen Zerfallsreaktion und die Geschwindigkeitskonstanten beider Kanäle sind kleiner (Siehe auch Gleichung 3.64).

Vergleicht man die Standardbildungs- und die Reaktionsenthalpien der entsprechenden Alkohole bei 298 K, so ergeben sich ähnliche Relationen. Wie die C-N-Bindung in den Aminen bei 0 K, so ist auch die C-O-Bindung im Benzylalkohol bei 298 K etwa 10 kJ mol$^{-1}$ stärker als im Allylalkohol.

| $C_3H_5OH \rightarrow C_3H_5 + OH$ | | $C_6H_5CH_2OH \rightarrow C_6H_5CH_2 + OH$ | |
|---|---|---|---|
| $\Delta_f H^0_{C_3H_5}(298K) = 171$ kJ/mol | [139] | $\Delta_f H^0_{C_6H_5CH_2}(298K) = 210$ kJ/mol | [99] |
| $\Delta_f H^0_{OH}(298K) = 39$ kJ/mol | [140] | $\Delta_f H^0_{OH}(298K) = 39$ kJ/mol | [140] |
| $\Delta_f H^0_{C_3H_5OH}(298K) = -124$ kJ/mol | [141] | $\Delta_f H^0_{C_6H_5CH_2OH}(298K) = -95$ kJ/mol | [142] |
| $\Delta_r H^0(298K) = 334$ kJ/mol | | $\Delta_r H^0(298K) = 344$ kJ/mol | |

Beim Betrachten der Standardbildungsenthalpien der Amine ($\Delta_f H^0_{C_3H_5NH_2}(0K)$ und $\Delta_f H^0_{C_6H_5CH_2NH_2}(0K)$) und Alkohole ($\Delta_f H^0_{C_3H_5OH}(298K)$ und $\Delta_f H^0_{C_6H_5CH_2OH}(298K)$) stellt man fest, dass der Unterschied zwischen Allylalkohol und Benzylalkohol nur wenig geringer als der zwischen Allylamin und Benzylamin ist. Allylalkohol hat bei 298 K eine um 29 kJ mol$^{-1}$ niedrigere Standardbildungsenthalpie als Benzylalkohol und Allylamin bei 0 K eine um 32 kJ mol$^{-1}$ niedrigere als Benzylamin. Insgesamt ergibt ein Vergleich der thermochemischen Daten der beiden Amine und Alkohole also ein konsistentes Bild.

## 6.3.4 Die Kinetik der Rückreaktion

Wie einleitend erwähnt ist neben der experimentell bestimmten Geschwindigkeitskonstante für die Pyrolyse von Allylamin, Reaktion $R_{6.2}$, auch die der bimolekularen Rückreaktion $R_{6.1}$ von Interesse. Die Geschwindigkeitskonstante $k_{R_{6.1}}(T, p)$ kann aufgrund der mikroskopischen Reversibilität mit Hilfe der Gleichgewichtskonstanten $K_c(T)$ aus $k_{R_{6.2}}(T, p)$ berechnet werden. Für $K_c(T)$ gilt[1]:

$$K_c(T) = \frac{[C_3H_5]_{eq} \cdot [NH_2]_{eq}}{[C_3H_5NH_2]_{eq}} = \frac{k_{R_{6.2}}(T, p)}{k_{R_{6.1}}(T, p)} \tag{6.5}$$

Die Gleichgewichtskonzentrationen sind hier durch eckige Klammern und den Index „eq" (für equilibrium) gekennzeichnet.

Mit Hilfe der statistischen Thermodynamik können aus den quantenchemischen Daten für Allylamin und die Allyl- und Aminoradikale deren Zustandssummen und daraus wiederum die Gleichgewichtskonstante $K_c$ berechnet werden. Mit den im Anhang in Tabelle 8.6 angegebenen Daten und $E_0 = 294$ kJ mol$^{-1}$ errechnet sich die Gleichgewichtskon-

---

[1]Man beachte, dass $K_c$ nicht druckabhängig ist.

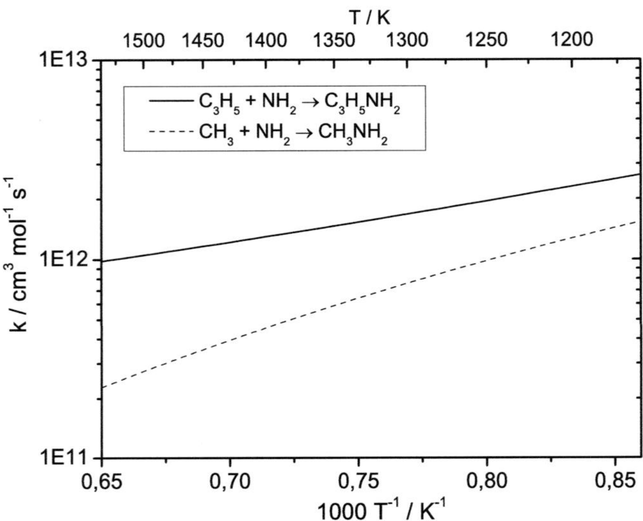



Abbildung 6.7: Arrheniusauftragung der Geschwindigkeitskonstante für die Rekombination von Allyl- und Aminoradikalen $k_{R6.1}$. Zum Vergleich: Geschwindigkeitskonstante der Rekombination von Methyl- mit Aminoradikalen für 1 atm aus Referenz [3].

stante $K_c$ für die Reaktion $C_3H_5NH_2 \rightleftharpoons C_3H_5 + NH_2$ im Temperaturbereich zwischen 1150 und 1550 K zu

$$K_c = 631,2 \cdot \exp\left(\frac{-287{,}0 \text{ kJ mol}^{-1}}{RT}\right) \text{ mol cm}^{-3}. \tag{6.6}$$

Aus dem berechneten Ausdruck für $K_c$ (Gleichung 6.6) und dem experimentell bestimmten Ausdruck für die Geschwindigkeitskonstante $k_{R6.2}(T,p)$ (Gleichung 6.2) erhält man für die Geschwindigkeitskonstante der Reaktion $C_3H_5 + NH_2 \rightarrow C_3H_5NH_2$ für Drücke zwischen 1,6 und 4,9 bar und Temperaturen zwischen 1180 und 1500 K:

$$k_{R6.1}(T) = 4,52 \cdot 10^{10} \cdot \exp\left(\frac{+39{,}2 \text{ kJ mol}^{-1}}{RT}\right) \text{ cm}^3 \text{ mol}^{-1} \text{ s}^{-1} \tag{6.7}$$

In Abbildung 6.7 ist $k_{R6.1}$ gegen die reziproke Temperatur aufgetragen. Die Geschwindigkeitskonstante für die Rekombination ist leicht negativ temperaturabhängig. Dies ist plausibel, da das Produkt von Reaktion $R_{6.1}$ energetisch unter den Edukten liegt und der

Energieminimumweg zwischen $C_3H_5NH_2$ und $C_3H_5 + NH_2$ nicht über eine ausgeprägte Potentialbarriere verläuft.

Zum Vergleich ist in Abbildung 6.7 auch die Geschwindigkeitskonstante der Rekombination von Methyl- mit Aminoradikalen für einen Druck von 1 atm eingezeichnet. Sie wurde von Dean und Bozzelli im Temperaturbereich zwischen 600 und 2500 K durch QRRK-Rechnungen (quantum Rice-Ramsperger-Kassel) mit Stickstoff als Badgas berechnet. Die Geschwindigkeitskonstante dieser Reaktion zeigt im Temperaturbereich der Experimente zum Allylamin eine ähnliche negative Temperaturabhängigkeit wie Reaktion $R_{6.1}$. Die Rekombination der Aminoradikale mit $C_3H_5$ ist schneller als mit $CH_3$. Die Reaktion mit den Allylradikalen sollte aufgrund ihrer Größe bei niedrigeren Drücken den Hochdruckgrenzwert erreichen als die Reaktion mit den Methylradikalen. Dies könnte dazu beitragen, dass bei gleichen Bedingungen die Geschwindigkeitskonstante für Reaktion $R_{6.1}$ größer ist.

## 6.3.5 Zusammenfassung und Ausblick

Die Geschwindigkeitskonstante $k_{R_{6.2}}$ für den Zerfall von Allylamin zu $C_3H_5$ und $NH_2$ konnte durch Detektion der Aminoradikale mittels Frequenzmodulationsspektroskopie bei verbrennungsrelevanten Temperaturen (1180 bis 1500 K) bestimmt werden. Gemessen wurde in zwei Druckbereichen (bei etwa 1,6 und 4,9 bar). Es wurde eine positive Temperaturabhängigkeit, aber keine Druckabhängigkeit der ermittelten Werte von $k_{R_{6.2}}$ festgestellt. Auf der Grundlage quantenchemischer Berechnungen konnten die experimentellen Ergebnisse für die thermische Geschwindigkeitskonstante $k_{R_{6.2}}(T, p)$ durch eine Mastergleichungsanalyse adäquat reproduziert werden. Die spezifischen Geschwindigkeitskonstanten wurden dabei durch s-SACM-Rechnungen ermittelt. Die Rechnungen legen anders als die Experimente nahe, dass sich Reaktion $R_{6.2}$ bei den genannten Bedingungen im Falloffregime befindet.

Weiterhin konnten die Standardbildungsenthalpie des Allylamin bei 0 K und die Gleichgewichtskonstante $K_c$ aus den quantenchemischen Daten abgeleitet werden. Mit Hilfe von $K_c$ konnte wiederum die Geschwindigkeitskonstante $k_{R_{6.1}}$ für die bimolekulare Reaktion von $NH_2$ mit $C_3H_5$ aus $k_{R_{6.2}}$ berechnet werden. Für $k_{R_{6.2}}$, $k_{R_{6.1}}$ und $K_c$ wurden parametrisierte Ausdrücke in Arrheniusform angegeben.

Eine noch offene Frage ist zum Beispiel das Verzweigungsverhältnis der beiden Zerfallsreaktionen des Allylamin (Reaktion $R_{6.2}$ und $R_{6.3}$). Die durchgeführte Mastergleichungsanalyse liefert hierzu zwar ein Ergebnis, welches allerdings aufgrund der vielen Anpassungsparameter in Mastergleichung und s-SACM-Rechnung und der fehlenden experimentellen Daten zur Geschwindigkeit der H-Abspaltung diesbezüglich nur begrenzte Aussagekraft besitzt. Zur Zeit wird in unserem Labor die Pyrolyse von Allylamin durch Stoßwellenexperimente mit Detektion durch zeitaufgelöste Massenspektrometrie untersucht. Ein Nachteil dieser Technik ist leider die geringe Sensitivität des massenspektometrischen Nachweises, weshalb meist mit Konzentrationen von einigen 1000 ppm gearbeitet werden muss. Dies führt dazu, dass die zur Beschreibung der Vorgänge benötigten Mechanismen oft sehr viele Reaktionen beinhalten, was die Bestimmung einzelner Geschwindigkeitskonstanten erschwert. Ein Vorteil ist, dass bei diesen Experimenten Intensitäts-Zeit-Profile mehrerer Spezies gleichzeitig detektiert werden können. Von den Stoßwellenuntersuchungen mit Detektion durch Massenspektrometrie werden zusätzliche Informationen erhofft wie zum Beispiel eine Gesamtgeschwindigkeitskonstante für die Abnahme der Allylaminkonzentration. Aus dieser könnte dann mit Hilfe der experimentellen Ergebnisse zur Geschwindigkeitskonstanten $k_{R6.2}$ das Verzweigungsverhältnis des $C_3H_5NH_2$-Zerfalls bestimmt werden. Außerdem ist so eventuell auch eine Bestätigung der (fehlenden) Druckabhängigkeit von $k_{R6.2}$ möglich.

Es sollte auch versucht werden, ein Reaktionsschema aufzustellen, mit dem die $NH_2$-Konzentrations-Zeit-Signale über einen größeren Zeitraum (bis zu 2 ms) reproduziert werden können. Eine vollkommen zufriedenstellende Modellierung gelang bisher nicht. Auch hier könnten Stoßrohr/Massenspektrometer-Messungen wichtige Informationen liefern.

Eventuell könnten auch Stoßwellenuntersuchungen zum Allylaminzerfall, bei denen die H-Atom-Konzentration mittels H-ARAS (Atomresonanzabsorptionsspektroskopie) zeitaufgelöst nachgewiesen wird, Informationen zur Geschwindigkeit der Reaktion $R_{6.3}$ liefern. Erschwert werden solche Messungen allerdings dadurch, dass auch die Allylradikale leicht H-Atome abspalten [143] und die Folgechemie recht komplex ist [144].

# 7 Der thermische Zerfall von NCN

## 7.1 Einleitung

Wie in Kapitel 2 schon erwähnt, spielt NCN (Cyanonitren) bei der Bildung von Fenimore-NO eine wichtige Rolle. Es entsteht in Flammen vor allem bei der Reaktion von CH mit $N_2$, die zur Zeit als wichtigste Initiierungsreaktion im prompten NO-Bildungsmechanismus angesehen wird, als auch bei der Reaktion von $C_2O$ mit $N_2$ [145]. Fenimore, der sich schon 1971 mit der Bildung von promptem NO befasste [5], schlug als initiierende Reaktion $CH + N_2 \rightarrow HCN + N$ vor. Lange Zeit wurde angenommen, dass die Reaktion von $CH(^2\Pi)$ mit $N_2(^1\Sigma^+)$ über einen spinverbotenen Prozess zu $HCN(^1\Sigma^+)$ und $N(^4S)$ und nicht zu $NCN(^3\Sigma^-)$ und $H(^2S)$ führt. Letztendlich zeigten Berechnungen jedoch, dass die Geschwindigkeitskonstante für die spinverbotene Reaktion wesentlich kleiner sein muss als die experimentell bestimmten Werte für die Reaktion von CH mit $N_2$ [146, 147].

Erst im Jahr 2000 veröffentlichten Moskaleva und Lin [148] eine theoretische Arbeit, in der sie die spinerlaubte Reaktion von $CH(^2\Pi)$ mit $N_2(^1\Sigma^+)$ zu $NCN(^3\Sigma^-)$ und $H(^2S)$ als den Hauptreaktionspfad vorschlugen. In der Folgezeit wurde NCN bei Niederdruck und Atmosphärendruck in Methan/Luft- bzw. Methan/Distickstoffoxid-Flammen mit LIF (laserinduzierter Fluoreszenz) nachgewiesen und es wurde eine eindeutige Korrelation zwischen der CH- und der NCN-Konzentration gefunden [149, 150, 151, 152, 153]. Auch eine Stoßwellenuntersuchung, bei der sowohl $CH(^2\Pi)$ als auch $NCN(^3\Sigma^-)$ mittels Laserabsorption nachgewiesen wurden, konnte $NCN(^3\Sigma^-)$ und $H(^2S)$ als Hauptprodukte der Reaktion von CH mit $N_2$ bestätigen [154]. Des Weiteren gibt es zwei neuere theoretische Arbeiten mit *ab initio*-Rechnungen zu $CH + N_2$ [155, 156]. Harding, Klippenstein und Miller [156] erzielten eine quantitative Übereinstimmung zwischen ihren Berechnungen und den experimentellen Ergebnissen. All diese Veröffentlichungen erhärten die Annahme, dass NCN eine Schlüsselverbindung bei der prompten NO-Bildung ist.

Logische Konsequenz war die Einbindung von NCN und der NCN-Folgekinetik in etablierte Mechanismen wie GDF-Kin 3.0 [157], GRI 3.0 [158] und die Version 0.5 des Konnov-Mechanismus [145]. Die NO-Bildung konnte mit den neuen Modellen ebensogut oder besser als zuvor berechnet werden. Der Austausch von HCN + N durch NCN + H führt auch dazu, dass sich die Sensitivitäten anderer Reaktionen verändern. Die in Referenz [157] berechnete Konzentration an promptem NO wird nicht mehr hauptsächlich durch die Reaktionen von durch CH + $N_2$ gebildeten N-Atomen mit OH oder $O_2$ beeinflusst. Hauptbildungswege für promptes NO verlaufen über die direkte Oxidation von NCN oder über HCN, das allerding erst aus dem NCN gebildet wird.

Leider besteht noch keine verlässliche Datenbasis zu Reaktionen des NCN, es mangelt vor allem an experimentellen Untersuchungen. Auch die in den Referenzen [157], [158] und [145] berücksichtigten Folgereaktionen des NCN (zum Beispiel mit O, H und OH) beruhen größtenteils nur auf Abschätzungen. Mittlerweile gibt es theoretische Arbeiten von M. C. Lin et al. zu NCN + $O_2$ [159], NCN + $O(^3P)$ [160] und NCN + OH [161]. Aus der Stoßwellenuntersuchung zu CH + $N_2$ [154] wurde auch eine Abschätzung für die Geschwindigkeitskonstante der Reaktion von NCN mit H abgeleitet. Weiterhin gibt es einige Untersuchungen auch aus unserer Gruppe zu NCN + NO [162, 163, 164, 165, 166] und NCN + $NO_2$ [167, 168].

Mit dem thermischen Zerfall von NCN befasst sich nur eine theoretische Arbeit von Moskaleva und Lin aus dem Jahr 2001 [169]. Zur Photodissoziation des NCN gibt es eine Veröffentlichung von Bise et al. [170]. Die Ergebnisse sind allerdings nicht mit denen des thermischen Zerfalls vergleichbar, da der Zerfall aus elektronisch höher angeregten Zuständen erfolgt. Moskaleva und Lin führten in Referenz [169] eine quantenchemische Rechnung auf hohem Niveau (G2M-(RCC)) zu C + $N_2$ $\rightleftharpoons$ N + CN durch und zeigten, dass dabei CNN, ein zyklisches NCN-Intermediat (c-NCN) und NCN durchschritten werden. In Abbildung 7.1 sind zur besseren Vergleichbarkeit mit der später gezeigten Potentialfläche (Abbildung 7.9 in Kapitel 7.3.2) die potentiellen Energien von Minima und Übergangszuständen relativ zur Energie des $^3$NCN angegeben. (Auf die eingezeichneten Singulettzustände wird später eingegangen.) Basierend auf den berechneten molekularen Parametern und der Potentialfläche wurden aus *multichannel variational RRKM*-Rechnungen Geschwindigkeitskonstanten auch für den NCN-Zerfall erhalten.

Cyanonitren kann prinzipiell über die zwei folgenden Kanäle zerfallen:

$$NCN \longrightarrow C + N_2 \tag{$R_{7.1}$}$$

$$NCN \longrightarrow N + CN \tag{$R_{7.2}$}$$

In einigen Arbeiten, zum Beispiel in den Referenzen [148] und [150], wurde nur Reaktion $R_{7.2}$ berücksichtigt. In Abbildung 7.1 ist jedoch zu erkennen, dass die Energie der

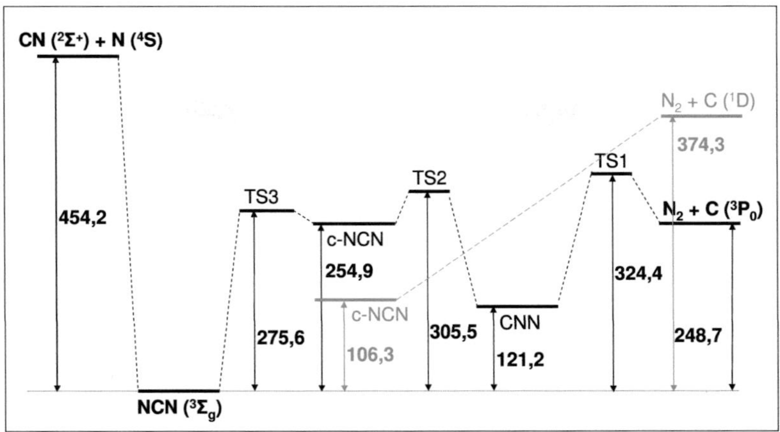


Abbildung 7.1: Potentialdiagramm für die Reaktion N + CN $\rightleftharpoons$ C + N$_2$ [169], schwarz: Triplettzustände, grau: Singulettzustände. Relative Energien in kJ mol$^{-1}$ mit Berücksichtigung der Nullpunktsschwingungsenergieen, berechnet mit G2M-(RCC).

Produkte von $R_{7.2}$ etwa 130 kJ mol$^{-1}$ über der des höchsten Übergangszustandes von $R_{7.1}$, TS1, liegt. Von Moskaleva und Lin wurde die thermische Geschwindigkeitskonstante für beide Reaktionen in einem Temperaturbereich von 700-4500 K und bei Drücken von 1,3 mbar, 130 mbar und 1 atm berechnet. Für 1 atm ergeben sich für die Reaktionen $R_{7.1}$ und $R_{7.2}$ folgende Ausdrücke für die unimolekularen Geschwindigkeitskonstanten[1]:

$$k_{R_{7.1}}(T) = 3,26 \cdot 10^{27} \cdot \left(\frac{T}{\mathrm{K}}\right)^{-4,76} \cdot \exp\left(\frac{-41742\ \mathrm{K}}{T}\right) \mathrm{s}^{-1} \qquad (7.1)$$

$$k_{R_{7.2}}(T) = 2,95 \cdot 10^{30} \cdot \left(\frac{T}{\mathrm{K}}\right)^{-5,29} \cdot \exp\left(\frac{-58929\ \mathrm{K}}{T}\right) \mathrm{s}^{-1} \qquad (7.2)$$

Die Geschwindigkeitskonstanten beider Zerfallsreaktionen zeigen eine deutliche, positive Temperaturabhängigkeit und befinden sich im Niederdruckbereich. Der Zerfall zu C und N$_2$ ist unterhalb von 3000 K eindeutig gegenüber dem zu N und CN begünstigt. Zwischen 1000 und 3000 K ist $k_{R_{7.1}}$ um ein bis drei Größenordnungen größer als $k_{R_{7.2}}$ (für 1 atm: $k_{R_{7.1}}/k_{R_{7.2}} \approx 830$ bei 1800 K und $k_{R_{7.1}}/k_{R_{7.2}} \approx 34$ bei 2800 K, ähnlich für 1,3 mbar).

Ziel der vorliegenden Arbeit war die experimentelle Bestimmung der Geschwindig-

---

[1] Einige Einträge in Tabelle 7 der Referenz [169] sind fehlerhaft [171].

keitskonstante $k_{R_{7.1}}$ des thermischen Zerfalls von NCN zu C und $N_2$ bei verbrennungsrelevanten Temperaturen. Gleichzeitig sollte die eindeutige Dominanz dieses Zerfallskanals bestätigt und $NCN_3$ als thermischer Vorläufer für NCN getestet werden. In den folgenden Kapiteln werden die durchgeführten Arbeiten erläutert und diskutiert. Die experimentellen Ergebnisse für $k_{R_{7.1}}(T,p)$ wurden mit Hilfe statistischer Theorien unimolekularer Reaktionen (RRKM und Mastergleichungsanalyse) auf der Basis quantenchemischer Rechnungen analysiert.

## 7.2 Durchführung der Experimente

### 7.2.1 Der thermische Zerfall des Vorläufermoleküls $NCN_3$

Die Photolyse von Cyanazid ($NCN_3$) wurde in unserer Gruppe bereits zur Erzeugung von NCN eingesetzt. O. Welz konnte durch Detektion von $NCN(^3\Sigma)$ mittels resonanter LIF (laserinduzierter Fluoreszenz) bei 329,0 nm zeigen, dass sich Cyanazid sehr gut als photolytischer Vorläufer für NCN eignet [166]. Im Rahmen der vorliegenden Arbeit wurde $NCN_3$ als thermischer NCN-Vorläufer eingesetzt. Im Idealfall werden bei der Pyrolyse nur NCN und unreaktive $N_2$-Moleküle gebildet.

Der Grundzustand des Cyanazid ist ein Singulettzustand, $NCN_3(^1A')$. In einer Veröffentlichung von Baumgärtel et al. zur Photodissoziation von $NCN_3$ [172] sind die Dissoziationsenergien spinerlaubter $NCN_3$-Zerfallsreaktionen angegeben. Die energetisch günstigsten Reaktionskanäle und die zugehörigen Dissoziationsenergien sind demnach:

$$NCN_3(^1A') \longrightarrow NCN(^1\Delta) + N_2(^1\Sigma) \qquad 179 \text{ kJ mol}^{-1} \qquad (R_{7.3})$$

$$NCN_3(^1A') \longrightarrow CN(^2\Sigma) + N_3(^2\Pi) \qquad 402 \text{ kJ mol}^{-1} \qquad (R_{7.4})$$

$$NCN_3(^1A') \longrightarrow CN(^2\Pi) + N_3(^2\Pi) \qquad 513 \text{ kJ mol}^{-1} \qquad (R_{7.5})$$

$$NCN_3(^1A') \longrightarrow NCN(^3\Sigma) + N_2(^3\Sigma) \qquad 630 \text{ kJ mol}^{-1} \qquad (R_{7.6})$$

Da es sich um einfache Bindungsdissoziationen handelt sind keine großen Energiebarrieren zu erwarten. Die Bildung von NCN und $N_2$ über Reaktion $R_{7.3}$ ist energetisch deutlich gegenüber der von CN und $N_3$ bevorzugt und sollte wesentlich schneller verlaufen. Auf die Spinzustände der Produkte wird später noch eingegangen werden.

Um die Geschwindigkeit des $NCN_3$-Zerfalls abschätzen zu können, wurden Experimente in einem Aluminiumstoßrohr, an dessen Endplatte ein Flugzeitmassenspektrometer angeschlossen ist, durchgeführt. Durch eine Düse kann Gas in Form eines Freistrahls aus dem Stoßrohr in das Spektrometer strömen. Bei Stoßwellenexperimenten wurde so alle 15 $\mu$s ein Massenspektrum aufgenommen und anschließend die Fläche unter dem Massenpeak des $NCN_3$ gegen die Zeit aufgetragen. Obwohl die Mischung eine mit 3000 ppm recht hohe Konzentration an $NCN_3$ enthielt (außerdem 2500 ppm Kr als Standard, Ne als Badgas), war dieser Peak sehr klein, so dass nur die Größenordnung der Geschwindigkeitskonstante bestimmt werden konnte. Für ca. 1000 K und 1,4 bar liegt sie bei etwa $10^4$ s$^{-1}$. Im Übrigen konnte bei den zeitaufgelösten Messungen mit dem Massenspektrometer kein $N_3$-Peak beobachtet werden, was einen Zerfall von $NCN_3$ über Reaktion $R_{7.4}$ oder $R_{7.5}$ zwar nicht ausschließt, aber auch nicht bestätigt. Außerdem gibt es eine derzeit noch nicht veröffentlichte Untersuchung von J. Dammeier und G. Friedrichs, in der der thermische Zerfall von $NCN_3$ durch zeitaufgelöste Detektion von $NCN(^3\Sigma)$ mittels schmalbandiger Laserabsorption in Stoßwellenexperimenten untersucht wurde [173]. Die so ermittelte Geschwindigkeitskonstante für den $NCN_3$-Zerfall liegt bei 1000 K und etwa 1 bar nochmal etwa eine Größenordnung über der im Rahmen dieser Arbeit grob abgeschätzten und zeigt eine positive Temperaturabhängigkeit.

Da die Experimente zum NCN-Zerfall bei Temperaturen von über 1800 K durchgeführt wurden (und bei p > 1 bar) lässt sich schlussfolgern, dass die $NCN_3$-Pyrolyse schnell genug für den Einsatz des $NCN_3$ als thermischer NCN-Vorläufer ist. $NCN_3$ zerfällt bei den experimentellen Bedingungen quasi instantan und höchst wahrscheinlich ausschließlich zu NCN und $N_2$.

## 7.2.2 Synthese von NCN$_3$

Da $NCN_3$ sowohl in fester als auch in flüssiger Phase sehr explosiv ist, wurde eine von Milligan et al. [174] beschriebene Synthesemethode gewählt, bei der man Cyanazid direkt in der Gasphase erzeugt. Dabei wird $NaN_3$ (99 %, Fluka) mit BrCN (97 %, Fluka) umgesetzt und man erhält NaBr und das erwünschte $NCN_3$.

Die verwendete Apparatur besteht im Wesentlichen aus einem 100 ml-Rundkolben, einer 25 cm langen Vigreux-Kolonne und einem 2 l-Rundkolben, der durch einen Hahn vom Restvolumen abgetrennt werden kann. Vor jeder Synthese wurde Natriumazid ($NaN_3$) fein gemörsert und sofort in die Vigreux-Kolonne gefüllt. An beiden Enden der Kolonne wurde das Pulver durch Glaswolle begrenzt. Die gesamte Glasapparatur wurde anschließend für einige Stunden evakuiert, um flüchtige Verunreinigungen wie Wasser oder Luft möglichst zu entfernen. Dann wurde der 2 l-Kolben vom Restvolumen getrennt, das mit Helium geflutet wurde. Die Apparatur wurde unter Heliumfluss kurz geöffnet, um weniger als 0,8 g Bromcyan (BrCN) in den 100 ml-Kolben einzuwiegen. Nach wiederholtem

Evakuieren konnte das eingefüllte BrCN sublimieren (133 mbar Dampfdruck bei 22,6°C [175]) und mit dem $NaN_3$ in der Kolonne reagieren. Nach einer Reaktionszeit von mindestens 15 Stunden war sämtliches BrCN sublimiert und am $NaN_3$ in der Kolonne trat eine Gelbfärbung auf. Das gasförmige $NCN_3$ wurde im 2 l-Kolben gesammelt und konnte ohne weiteres Aufreinigen verwendet werden.

Das so hergestellte $NCN_3$ wurde mittels IR-Spektroskopie und Massenspektrometrie charakterisiert. In Abbildung 7.2 ist ein Flugzeitmassenspektrum gezeigt. Bei der verwendeten Ionisierungsenergie von 45 eV sollten nur einfach geladene Ionen entstehen. Die intensivsten Banden stammen von NCN (40 g $mol^{-1}$), C (12 g $mol^{-1}$) und unfragmentiertem $NCN_3$ (68 g $mol^{-1}$) und können somit alle dem $NCN_3$ zugeordnet werden. Leichte Verunreinigungen durch nicht vollständig umgesetztes Bromcyan konnten nicht vollständig vermieden, aber mit Hilfe einer Kalibrierung mit reinem Bromcyan auf unter 5 % quantifiziert werden. Sehr wichtig für die Reinheit des $NCN_3$ erwies sich die Trennung des 2 l-Kolbens vom Reaktionsvolumen, die zu einem deutlich größeren Umsatz des Bromcyans führte. Außerdem sollte wie bei Synthesen über heterogene Reaktionen üblich immer mit einem großen Überschuss an $NaN_3$ gearbeitet werden [176].

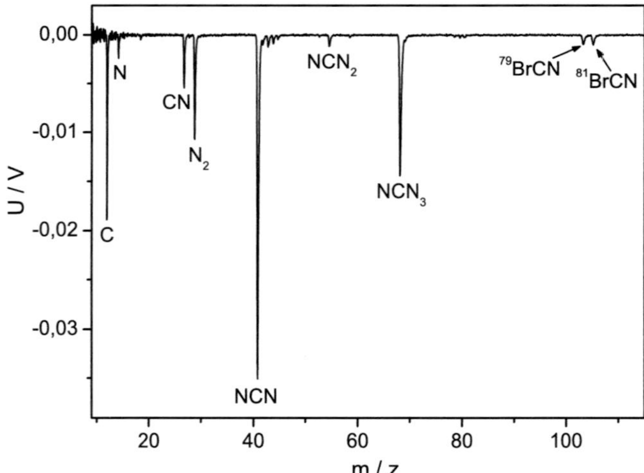


Abbildung 7.2: Flugzeitmassenspektrum von $NCN_3$, einen Tag nach Beendigung der Synthese aufgenommen, 45 eV Ionisierungsenergie.

Die hergestellten $NCN_3$/Ar-Mischungen konnten mehrere Tage in den Stoßwellenexperimenten verwendet werden. Eine längere Nutzung war nicht möglich, da das Cyanazid nicht dauerhaft stabil ist. Die Maxima der in den Stoßwellenexperimenten erhaltenen C-Atom-Konzentrations-Zeit-Profile wurden nach einigen Tagen kleiner, was scheinbar aus schnelleren bimolekularen Folgereaktionen der C-Atome resultiert. Mit N-ARAS konnte dagegen mit einer Alterung der Mischung nach der Stoßwelle eine Zunahme an N-Atomen festgestellt werden. Es wurden außerdem über einen Zeitraum von fast zwei Wochen immer wieder Massenspektren von unverdünntem Cyanacid aufgenommen. In den Spektren erschien bereits einen Tag nach Fertigstellung der Synthese ein über mehrere Tage anwachsender Peak bei 54 g mol$^{-1}$, der einem $NCN_2$-Fragment zugeordnet werden kann (siehe Abb. 7.2). Dieser Peak wurde auch in einer Mischung von 2140 ppm $NCN_3$ und 2530 ppm Krypton in Neon nachgewiesen ($NCN_3$-Konzentration wesentlich höher als in den Stoßwellenmessungen zum NCN-Zerfall). Da er in direkt nach der Synthese aufgenommenen Spektren fehlt, kann ausgeschlossen werden, dass es sich um einen Fragmentpeak des $NCN_3$ handelt. Möglicherweise kam es zu einer Dimerisierung des $NCN_3$. Ein Hinweis darauf ist auch, dass ein kleiner Peak bei 80 g mol$^{-1}$, der Molmasse von $C_2N_4$ gefunden wurde, das das Fragment eines Dimerisierungsproduktes sein könnte (zwei gebundene C-Atomen). Für die Experimente zum NCN-Zerfall wurden die Mischungen deshalb maximal drei Tage lang verwendet. In dieser Zeit wurde keine Veränderung der Signale beobachtet.

## 7.2.3 Experimentelle Bedingungen

Zur Untersuchung der Kinetik des thermischen NCN-Zerfalls wurde der Reaktionsfortschritt hinter der reflektierten Stoßwelle verfolgt. Zum Nachweis der gebildeten C- und N-Atome wurde dabei die Atomresonanzabsorptionsspektroskopie (ARAS) verwendet.

Die Geschwindigkeitskonstante für den thermischen Zerfall des NCN zu C und $N_2$ wurde bei Drücken um 1,4 und 4,1 bar in einem Temperaturbereich zwischen 1800 und 2950 K bestimmt. Bei Verwendung von 30 $\mu$m dicken Aluminiumfolien als Membran variierte der Druck von 1,1 bar bei der höchsten bis 1,5 bar bei der niedrigsten Temperatur. Mit Folien von 100 $\mu$m Dicke erhielt man Drücke zwischen 3,8 und 4,5 bar. Als Vorläufer für NCN diente Cyanazid. Es wurden hochverdünnte Mischungen mit Mischungsanteilen von 2,0 bis 32,3 ppm $NCN_3$ in Argon (99,9999 %, Air Liquide) hergestellt. Die genauen experimentellen Daten sind in den Tabellen 8.8 und 8.9 im Anhang aufgelistet.

Die C-Atom-Konzentrations-Zeit-Profile wurden mit C-ARAS bei 156,1 nm detektiert ($2p^3\ ^3D_J{}^0 \leftarrow 2p^2\ ^3P_J$). Für die ARAS-Lampe wurde eine Mischung von etwa 1 % CO in Helium verwendet. Aufgrund von Selbstabsorption, *self-reversal* und nichtresonanter Emission durch angeregte CO-Moleküle (siehe auch Kapitel 3.2.1) mussten

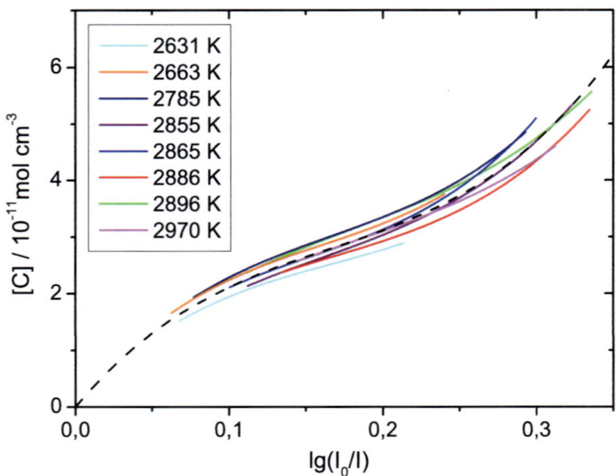

Abbildung 7.3: Kalibrierkurven für p $\approx$ 1 bar, aufgenommen mit Mischungen von 20,0 ppm, 30,2 ppm und 30,4 ppm $CH_4$ in Ar. Eine Mittelung über alle erhaltenen Kurven ergibt die gestrichelte Linie.

Kalibrierungen durchgeführt werden, um die aufgenommenen Intensitäts-Zeit-Profile in Konzentrations-Zeit-Profile umrechnen zu können. Dazu wurde die Konzentration der C-Atome bei der Pyrolyse von Methan (99,995 %, Messer Griesheim) hinter der reflektierten Stoßwelle mit C-ARAS verfolgt. Der Druck war dabei ähnlich wie in den NCN-Experimenten.

Die experimentellen Bedingungen der Kalibrierexperimente sind im Anhang zu finden (Tabelle 8.10 und 8.11). Bei einem Druck von etwa einem bar wurde mit Mischungen von 20,0 ppm, 30,4 ppm und 30,2 ppm $CH_4$ in Argon und in einem Temperaturbereich zwischen 2630 und 2970 K gemessen. Kalibrierexperimente bei ungefähr 4 bar wurden bei Temperaturen zwischen 2760 und 3020 K mit 7,4 und 9,4 ppm $CH_4$ in Argon durchgeführt. Bei tieferen Temperaturen werden zum einen nicht genügend C-Atome gebildet; zum anderen scheinen Zerfallsmechanismen auf Grundlage aktueller kinetischer Daten zur Beschreibung der Konzentrations-Zeit-Profile der C-Atome bei niedrigeren Temperaturen nicht adäquat zu sein. Man erwartet eine wesentlich stärkere Abhängigkeit der Kalibrierkurven vom Druck als von der Temperatur [36, 37], weshalb eine Verwendung der Kalibrierung für niedrigere Temperaturen zu keinem großen Fehler führen sollte.

Die bei den Kalibrierexperimenten erhaltenen Absorbanz-Zeit-Profile wurden mit si-

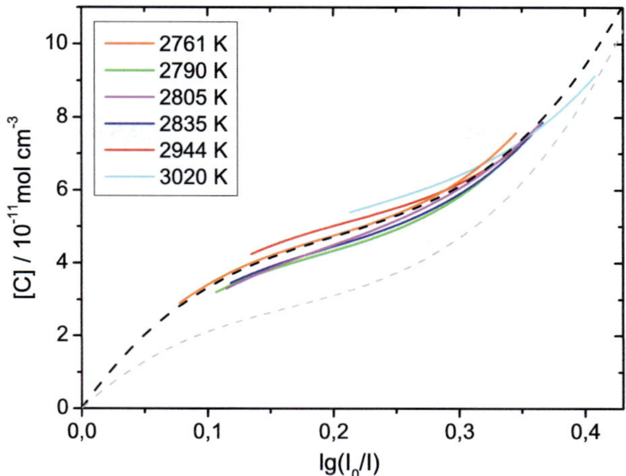


Abbildung 7.4: Kalibrierkurven für p $\approx$ 4 bar, aufgenommen mit Mischungen von 7,4 und 9,4 ppm CH$_4$ in Ar. Schwarze gestrichelte Linie: Mittelung über alle bei etwa 4 bar erhaltenen Kurven. Graue gestrichelte Linie: Kurve für 1 bar zum Vergleich (siehe Abbildung 7.3).

mulierten Konzentrations-Zeit-Profilen verglichen. Zur Modellierung wurde ein Mechanismus von Dean und Hanson übernommen [177] (auch in [37] verwendet), der mit neueren Ausdrücken für einige Geschwindigkeitskonstanten aktualisiert und um zwei Reaktionen erweitert wurde. Der Mechanismus und die thermochemischen Daten der beteiligten Spezies sind in den Tabellen 8.12 und 8.13 im Anhang zu finden. Die Maxima der im Rahmen der Kalibrierung gemessenen Absorbanz-Profile liegen bei etwas früheren Zeiten als die mit bisher verwendeten Mechanismen (z.B. Mechanismus in [177, 178, 179]) simulierten Maxima in den Konzentrations-Profilen. Mit dem überarbeiteten Mechanismus erhält man diesbezüglich eine bessere Übereinstimmung. Die angenommenen 36 Reaktionen mit den zugehörigen Geschwindigkeitskonstanten sind im Anhang in Tabelle 8.12 aufgelistet. Es ist keine erhebliche Reduktion dieses Mechanismus möglich.

Die erhaltenen Kalibrierkurven sind in Abbildung 7.3 und 7.4 zu sehen. Da für beide Druckbereiche alle Kalibrierkurven eng beieinander liegen und keine systematische Abhängigkeit von der Temperatur erkennbar ist, wurden gemittelte Kurven (gestrichelte Linien in 7.3 und 7.4, dazugehörige Gleichungen auf S.144) als Kalibrierung für die Messungen zum NCN-Zerfall verwendet. Wie erwartet liegen die Profile der Konzentration der C-Atome $[C]$ gegen die Absorbanz $lg(I_0/I)$ für den höheren Druckbereich über denen für den niedrigeren [36, 37].

Alle bei den Messungen nach der reflektierten Stoßwelle herrschenden Temperaturen und Drücke wurden wie in Kapitel 3.1.2 beschrieben aus den Ausgangsbedingungen und der Geschwindigkeit der einfallenden Stoßwelle berechnet. Eine Realgaskorrektur war aufgrund der geringen Konzentrationen an $NCN_3$ und $CH_4$ nicht nötig. Eine Überprüfung für einige Experimente mit Schwingungsfrequenzen für $NCN_3$ aus Referenz [176] und thermochemischen Daten für $CH_4$ aus Referenz [26] bestätigt dies.

Wie schon erwähnt wurden auch N-ARAS-Messungen durchgeführt, um zu überprüfen, ob der Zerfallskanal des NCN zu C und $N_2$ tatsächlich wie von Moskaleva und Lin berechnet [169] stark gegenüber dem Zerfall zu N und CN begünstigt ist. Es wurden Stoßwellenexperimente mit Mischungen von etwa 5 bis 150 ppm $NCN_3$ in Argon bei einem Druck von etwa 1,4 bar oder 2,8 bar und Temperaturen zwischen 1300 und 2700 K durchgeführt. Für die ARAS-Lampe wurden etwa 1 %ige Mischungen von $N_2$ in He verwendet.

Eine verlässliche Kalibrierung war allerdings bei den für N-ARAS-Messungen moderaten Temperaturen nicht möglich. Die meisten Stoßwellenuntersuchungen, bei denen N-Atome mit ARAS nachgewiesen wurden, zum Beispiel in den Veröffentlichungen [180], [30] und [181], fanden bei höheren Temperaturen (bis zu 6200 K) statt. Prinzipiell entstehen bei Stoßwellenexperimenten mit Mischungen aus $N_2O$ und $N_2$ in Ar schon unter 3000 K ausreichend N-Atome, wenn man den Mischungsanteil an $N_2$ genügend hoch wählt. Bei Stoßwellenexperimenten mit etwa 300 ppm $N_2O$ und 10 % $N_2$ in Ar erhält man bei 2300 K und 1,3 bar ungefähr eine N-Atom-Konzentration von $5 \cdot 10^{-12}$ mol cm$^{-3}$. Bei Temperaturen unter 2200 K wird die Erzeugung signifikanter Konzentrationen von N-Atomen jedoch sehr schwierig. Es wurden Kalibrierexperimente in einem Temperaturbereich von circa 2150 bis 2450 K durchgeführt.

Eine Modellierung der Konzentrations-Zeit-Profile der N-Atome fand auf Grundlage der Daten aus Referenz [3] statt (siehe auch [182, 180]). Obwohl lediglich sieben Reaktionen wichtig zu sein scheinen, wobei der Zerfall von $N_2O$ zu $N_2$ und O und die Folgereaktion der O-Atome mit $N_2$ zu NO und N für die Bildung der N-Atome geschwindigkeitsbestimmend sind, ergaben sich bei der Modellierung Schwierigkeiten. Auch bei Variation des Mechanismus wurden immer Kalibrierkurven erhalten, die stärker temperaturabhängig sind als erwartet und vor allem für die niedrigsten Temperaturen eine unerwartete Krümmung aufweisen. Es sollten bezüglich der Krümmung ähnliche Kalibrierkurven wie für die C-ARAS-Messungen erhalten werden [30], die außerdem nur eine geringe Temperaturabhängigkeit zeigen [182]. Zudem ist für die NCN-Messungen bei den niedrigeren Temperaturen eine adäquate Kalibrierung überhaupt nicht möglich. Eine quantitative Auswertung der Experimente zur Reaktion von NCN zu N und CN wurde deshalb nicht durchgeführt.

## 7.3 Ergebnisse und Diskussion

### 7.3.1 Experimentelle Ergebnisse

Ein für die C-ARAS-Messungen typisches Konzentrations-Zeit-Profil ist in Abbildung 7.5 gezeigt. Obwohl in den Experimenten die Anfangskonzentration an $NCN_3$ bis auf $3 \cdot 10^{-11}$ mol cm$^{-3}$ erniedrigt wurde, war es nicht möglich, bimolekulare Folgereaktionen auf der Zeitskala des NCN-Zerfalls vollständig zu unterdrücken.

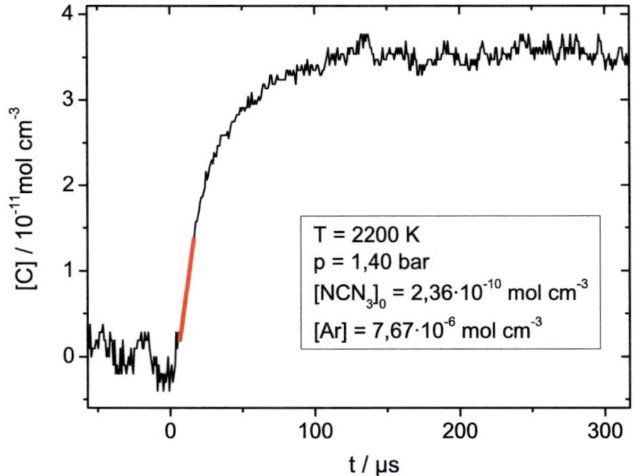


Abbildung 7.5: Experimentell ermitteltes C-Atom-Konzentrations-Zeit-Profil, in Rot: lineare Anpassung an den Anfangsanstieg.

Die Geschwindigkeitskonstante $k_{R7.1}$ kann aus einer linearen Anpassung an das Anfangssignal erhalten werden. Dabei gilt:

$$k_{R7.1} = \frac{1}{[NCN]_0} \cdot \left( \frac{d[C]}{dt} \right)_{t \to 0} \tag{7.3}$$

Es wurde angenommen, dass die NCN-Anfangskonzentration $[NCN]_0$ der Ausgangskonzentration an Cyanazid $[NCN_3]_0$ entspricht. Diese Annahme ist gerechtfertigt, da man davon ausgehen kann, dass $NCN_3$ bei den vorliegenden experimentellen Bedingungen sehr schnell und quantitativ zu NCN und $N_2$ reagiert (siehe Kapitel 7.2.1).

Um die Anwendbarkeit des beschriebenen Auswertungsverfahrens zu untermauern, wurden die Experimente mit verschiedenen Ausgangskonzentrationen an $NCN_3$ durchgeführt. Es konnte keine sytematische Variation der ermittelten Geschwindigkeitskonstanten mit der Anfangskonzentration festgestellt werden.

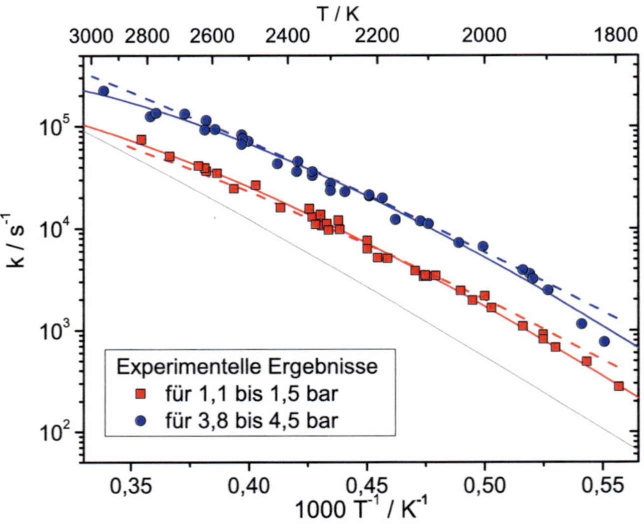


Abbildung 7.6: Arrheniusauftragung für $k_{R7.1}$. Durchgezogene rote und blaue Linie: Beste Anpassung an die gemessenen Werte. Graue Linie: Berechnung von Moskaleva und Lin für 1013 mbar (Gleichung 7.1). Unterbrochene rote und blaue Linie: Berechnung wie in Kapitel 7.3.2 beschrieben.

Die erhaltenen Geschwindigkeitskonstanten für die Reaktion $R_{7.1}$ zeigen eine positive Temperaturabhängigkeit und eine deutliche Druckabhängigkeit. In Abbildung 7.6 ist eine Arrheniusauftragung der experimentellen Ergebnisse der vorliegenden Arbeit zusammen mit der Berechnung von Moskaleva und Lin [169, 171] für 1 atm aufgetragen. Die Temperaturabhängigkeit der Geschwindigkeitskonstante kann für die beiden Druckbereiche mit folgenden Ausdrücken beschrieben werden:

$$\text{für } p \approx 1{,}4 \text{ bar:} \quad k_{R7.1}(T) = 3,30 \cdot 10^{60} \cdot \left(\frac{T}{\text{K}}\right)^{-13,58} \cdot \exp\left(\frac{-57369 \text{ K}}{T}\right) \text{s}^{-1} \quad (7.4)$$

$$\text{für } p \approx 4{,}1 \text{ bar:} \quad k_{R7.1}(T) = 6,87 \cdot 10^{71} \cdot \left(\frac{T}{\text{K}}\right)^{-16,52} \cdot \exp\left(\frac{-62596 \text{ K}}{T}\right) \text{s}^{-1} \quad (7.5)$$

In Abbildung 7.6 sind die mit diesen Ausdrücken erhaltenen Kurven als rote und blaue durchgezogene Linie dargestellt. Der Fehler der Geschwindigkeitskonstante im untersuchten Temperaturbereich wird auf etwa 50 % geschätzt. Die Unsicherheit in den ermittelten Absolutwerten für $k_{R7.1}$ spiegelt hauptsächlich die Unsicherheit im Kalibriermechanismus wider. Der im Rahmen der vorliegenden Arbeit verwendete Mechanismus wurde gewählt, da er sämtliche beim Methanzerfall detektierte C-Atom-Konzentrations-Zeit-Profile am besten beschreiben konnte. Tatsache ist jedoch, dass für einige im Mechanismus benötigte Geschwindigkeitskonstanten keine zuverlässigen Werte vorhanden sind. Unglücklicherweise sind davon auch einige für die [C]-Profile sicherlich sehr entscheidende Reaktionen wie CH + H $\rightarrow$ C + H$_2$ oder CH + C $\rightarrow$ C$_2$ + H betroffen. Fehler im Mechanismus zeigen sich auch daran, dass für Temperaturen unter 2600 K die simulierten Profile kaum mit den gemessenen in Einklang gebracht werden können.

Um zu überprüfen, ob sich Reaktion $R_{7.1}$ im Niederdruckbereich befindet, wurden die mit Gleichung 7.3 erhaltenen unimolekularen Geschwindigkeitskonstanten durch die Badgaskonzentration geteilt. Die berechneten Geschwindigkeitskonstanten zweiter Ordnung sind in Abbildung 7.7 gegen die inverse Temperatur aufgetragen. Es ist kein signifikanter Unterschied zwischen den Werten der beiden Druckbereiche feststellbar. Nur bei den höchsten Temperaturen liegen die bestimmten Geschwindigkeitskonstanten zweiter Ordnung für den höheren Druckbereich leicht unter den Werten für den etwa um den Faktor drei niedrigeren Druckbereich. Die Reaktion befindet sich also bei den in den Experimenten herrschenden Drücken im Niederdruckbereich.

Schon erwähnt wurden die Schwierigkeiten der Kalibrierung der N-ARAS-Experimente (Kapitel 7.2.3), aufgrund derer die Geschwindigkeitskonstante für die Reaktion $R_{7.2}$ nicht bestimmt werden konnte. Die Größenordnung der Geschwindigkeitskonstante der Bildung der N-Atome beim Zerfall von NCN kann nur abgeschätzt werden. Verwendet man eine der Kalibrierkurven, um N-Atom-Konzentrations-Zeit-Profile zu erhalten und wertet wie bei den Konzentrations-Zeit-Profilen der C-Atome den Anfangsanstieg aus, so ergibt sich

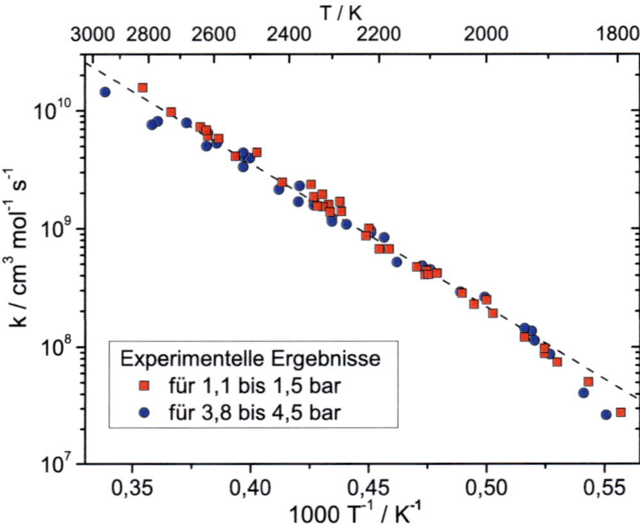


Abbildung 7.7: Arrheniusauftragung der Geschwindigkeitskonstante zweiter Ordnung für den NCN-Zerfall zu C und $N_2$. Unterbrochene Linie: Niederdruckgeschwindigkeitskonstante aus der Mastergleichungsanalyse (Kapitel 7.3.2, Gleichung 7.6).

bei 2600 K und etwa 1,3 bar zum Beispiel $k_{R7.2} \approx 100$ s$^{-1}$. Moskaleva und Lin berechneten für diese Temperatur und etwa 1 bar eine Geschwindigkeitskonstante von 316 s$^{-1}$. Die im Rahmen dieser Arbeit für den Zerfall des NCN zu C und $N_2$ bestimmte Geschwindigkeitskonstante $k_{R7.1}$ liegt bei diesen Bedingungen bei ungefähr 35000 s$^{-1}$. Eine sehr deutliche Bevorzugung des Zerfallskanals von NCN zu C und $N_2$ gegenüber dem zu N und CN kann somit bestätigt werden.

Es ist möglich, nicht nur den Anfangsanstieg, sondern die gesamten gemessenen Konzentrations-Zeit-Profile (bis $t \approx 1500$ $\mu$s) mit einem einfachen Mechanismus zu simulieren. Neben der Zerfallsreaktion von NCN zu C und $N_2$ (Reaktion $R_{7.1}$) scheinen noch die drei folgenden bimolekularen Reaktionen eine Rolle zu spielen.

$$NCN + NCN \longrightarrow P_a \qquad (R_{7.7})$$

$$NCN + C \longrightarrow P_b \qquad (R_{7.8})$$

$$C + C \longrightarrow C_2 \qquad (R_{7.9})$$

Man erhält mit diesem 4-stufigen Mechanismus C-Atom-Konzentrations-Zeit-Profile, die mit den gemessenen durch geeignete Wahl der Geschwindigkeitskonstanten sehr gut in Übereinstimmung gebracht werden können. In Abbildung 7.8 ist dies beispielhaft für zwei Signale gezeigt.

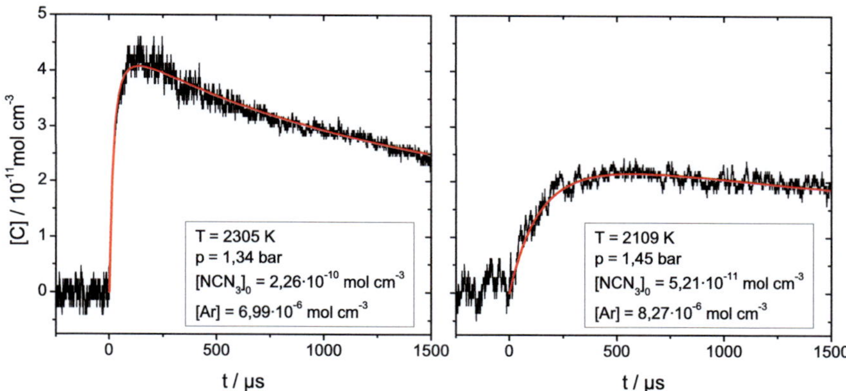

Abbildung 7.8: Schwarz: gemessene C-Atom-Konzentrations-Zeit-Profile, rot: Simulation durch Mechanismus mit Reaktionen $R_{7.1}$ und $R_{7.7}$ bis $R_{7.9}$ (für die verwendeten Geschwindigkeitskonstanten siehe Text).

Als Geschwindigkeitskonstante für den NCN-Zerfall wurde dabei die aus dem Anfangsanstieg bestimmte eingesetzt. Für das linke Signal in Abbildung 7.8, das mit 32,3 ppm $NCN_3$ in Ar und bei einer Temperatur von 2305 K aufgenommen wurde, sind folgende Geschwindigkeitskonstanten angenommen worden: $k_{R_{7.1}} = 9739$ s$^{-1}$, $k_{R_{7.7}} = 1 \cdot 10^{13}$ cm$^3$ mol$^{-1}$ s$^{-1}$, $k_{R_{7.8}} = 2,1 \cdot 10^{14}$ cm$^3$ mol$^{-1}$ s$^{-1}$, $k_{R_{7.9}} = 6 \cdot 10^{12}$ cm$^3$ mol$^{-1}$ s$^{-1}$. Für das rechte mit 6,3 ppm $NCN_3$ und bei 2109 K detektierte Konzentrations-Zeit-Profil ergibt sich die beste Anpassung mit: $k_{R_{7.1}} = 3381$ s$^{-1}$, $k_{R_{7.7}} = 1 \cdot 10^{13}$ cm$^3$ mol$^{-1}$ s$^{-1}$, $k_{R_{7.8}} = 8 \cdot 10^{13}$ cm$^3$ mol$^{-1}$ s$^{-1}$, $k_{R_{7.9}} = 5 \cdot 10^{12}$ cm$^3$ mol$^{-1}$ s$^{-1}$.

Die Beeinflussung der Konzentrations-Zeit-Profile der C-Atome durch die Reaktionen von NCN mit C und NCN mit NCN ($R_{7.8}$ und $R_{7.7}$) ist sehr ähnlich, weshalb leider nicht zwischen diesen beiden Reaktionen unterschieden werden kann. Beide spielen schon zu frühen Zeiten eine Rolle, und sind maßgeblich für die Absoluthöhe der Profile verantwortlich. Bei der Auswertung des Anfangsanstieges für die Bestimmung der Geschwindigkeitskonstanten des NCN-Zerfalls stören diese Reaktionen allerdings nicht. Da für keine der zwei bimolekularen Reaktionen des NCN kinetische Daten vorliegen, können keine Werte für eine der beiden Geschwindigkeitskonstanten aus den Messungen gezogen werden.

Die Produkte der Reaktionen $R_{7.7}$ und $R_{7.8}$, $P_a$ und $P_b$, könnten $C_2N_2 + N_2$ und $C_2N_2$ sein. In den schon erwähnten zeitaufgelösten Stoßwellenexperimenten zum $NCN_3$-Zerfall mit massenspektrometrischer Detektion bei etwa 1000 K wurde ein schnell anwachsender und bis zum Ende der Messung (t > 2 ms) nicht abnehmender Peak bei 52 g mol$^{-1}$ detektiert, was der Molekülmasse von $C_2N_2$ entspricht. Bei 1000 K zerfällt NCN noch nicht merklich und die Konzentration an $NCN_3$ war bei diesen Messungen sehr hoch (etwa 3000 ppm), so dass möglicherweise die bimolekulare Reaktion von NCN mit NCN zur $C_2N_2$-Bildung führt.

Am Abfallen der Konzentration der C-Atome nach Erreichen des Maximums in den Signalen in Abbildung 7.8 scheint die Rekombination zweier C-Atome beteiligt zu sein. Für die Geschwindigkeitskonstante $k_{R_{7.9}}$ der Reaktion $C + C \rightarrow C_2$ liegen in der Literatur keine verlässlichen Daten vor. Berechnet man $k_{R_{7.9}}$ mit Hilfe von thermochemischen Daten [26] aus der Geschwindigkeitskonstante des $C_2$-Zerfalls, also der Rückreaktion, so erhält man aus den Veröffentlichungen [183] und [184] für 2000 K und 1 bar Werte von $7{,}4 \cdot 10^9$ cm$^3$ mol$^{-1}$ s$^{-1}$ und $6{,}2 \cdot 10^{12}$ cm$^3$ mol$^{-1}$ s$^{-1}$. Um die experimentellen Profile, zum Beispiel die in Abbildung 7.8 gezeigten, optimal zu reproduzieren, muss meist eine Geschwindigkeitskonstante im Bereich von $5 \cdot 10^{12}$ und $1 \cdot 10^{13}$ mol cm$^{-3}$ s$^{-1}$ für $C + C \rightarrow C_2$ angenommen werden. Dabei scheint die Temperaturabhängigkeit von $k_{R_{7.9}}$ nicht stark ausgeprägt zu sein.

Die Reaktion von C-Atomen mit $N_2$-Molekülen ist zu langsam [185], um den Verlauf der C-Atom-Konzentrationsprofile zu beeinflussen. Dies gilt trotz der im Vergleich zu den anderen Teilchen vorliegenden hohen Konzentration an $N_2$, die zu Beginn des NCN-Zerfalls gleich der Konzentration an NCN ist und dann vermutlich weiter ansteigt.

## 7.3.2 Molekularkinetische Modellierung

Wie man in Abbildung 7.6 erkennen kann, sind die für etwa 1,4 bar experimentell bestimmten Geschwindigkeitskonstanten 1,5 bis 3 mal größer als die von Moskaleva und Lin für 1 atm ($\approx$ 1,013 bar) berechneten. Dies kann nicht durch den leicht unterschiedlichen Druck begründet werden. Die Diskrepanz zwischen den experimentellen und theoretischen Ergebnissen ist eventuell in einem Unterschied in der anfänglichen Spinmultiplizität des

NCN begründet. Moskaleva und Lin berechneten die Geschwindigkeitskonstante für den NCN-Zerfall ausgehend vom elektronischen Triplettgrundzustand ($^3\Sigma_g^-$), also

$$^3\text{NCN} \longrightarrow {^3}\text{C} + {^1}\text{N}_2. \qquad (R_{7.10})$$

Beim thermischen Zerfall des im Rahmen der vorliegenden Arbeit verwendeten Vorläufers $\text{NCN}_3$, dessen niedrigster elektronischer Zustand ein Singulettzustand ist, können durch spinerlaubte Reaktionen sowohl $^3$NCN und $^3$N$_2$ als auch $^1$NCN und $^1$N$_2$ entstehen. Bei einem Vergleich der in Kapitel 7.2.1 angegebenen Dissoziationsenthalpien erkennt man allerdings, dass die Bildung von $^1$NCN und $^1$N$_2$ energetisch sehr deutlich bevorzugt ist. Primär sollte also $^1$NCN bei der Pyrolyse von $\text{NCN}_3$ entstehen. Spinerlaubte Reaktionen des $^1$NCN sind die folgenden:

$$^1\text{NCN} \longrightarrow {^1}\text{C} + {^1}\text{N}_2 \qquad (R_{7.11})$$

$$^1\text{NCN} \longrightarrow {^3}\text{C} + {^3}\text{N}_2 \qquad (R_{7.12})$$

Mit C-ARAS bei 156,1 nm werden C-Atome im Triplettzustand nachgewiesen. Deshalb können die detektierten C-Atome nicht durch Reaktion $R_{7.11}$ gebildet werden. Reaktion $R_{7.12}$ sollte aber wegen der Bildung des energetisch sehr hoch gelegenen $^3$N$_2$ viel zu langsam sein, um die in Abbildung 7.6 gezeigten experimentellen Ergebnisse zu erklären. Keine der beiden Reaktionen kann also die experimentell beobachtete schnelle Entstehung von $^3$C erklären.

Um ein besseres Verständnis der auf molekularer Ebene ablaufenden Vorgänge zu erhalten und eventuell Lösungsansätze zur Berechnung der erhaltenen Geschwindigkeitskonstanten $k_{R_{7.1}}(T, p)$ zu finden, wurden quantenchemische Rechnungen und Berechnungen mit Hilfe statistischer Theorien unimolekularer Reaktionen angestellt, die im Folgenden erläutert werden.

**Molekülgeometrien und Energien**

Von N. González-García wurden in unserer Gruppe die für die kinetische Modellierung benötigten qunatenchemischen Rechnungen durchgeführt. Die Geometrien, Schwingungsfrequenzen und Rotationskonstanten aller stabiler Spezies und der Übergangszustände, die beim Zerfall von NCN durchlaufen werden können, wurden sowohl auf der Triplettals auch auf der Singulettpotentialfläche mit der Dichtefunktionaltheorie (DFT) [121] berechnet. Dabei kam das B3LYP-Funktional [122] und Dunnings korrelationskonsistenter *Triple-ζ*-Basissatz (cc-pVTZ) [123, 124] zum Einsatz. Die erhaltenen harmonischen Schwingungsfrequenzen wurden mit 0,9682 skaliert [125].

Auf Grundlage der mit B3LYP optimierten Geometrien wurden für wesentliche Konfigurationen die Energien mit der *Coupled-Cluster*-Methode [126, 127] genauer berechnet. Es wurden *Single-* und *Double*-Anregungen sowie *Triple*-Korrekturen durchgeführt (CCSD(T)) [128] und die korrelationskonsistenten *Triple-ζ-* und *Quadruple-ζ*-Basissätze (cc-pVTZ und cc-pVQZ) [123, 124] von Dunning genutzt. Das Basissatzlimit (complete basis set (CBS) limit) wurde unter Verwendung des Helgaker-Extrapolationsschemas abgeschätzt [129, 130].

Für alle Berechnungen wurde das *Gaussian03*-Programmpaket [131] verwendet, das einen spin-unbeschränkten Formalismus zur Beschreibung der Wellenfunktionen offenschaliger Spezies enthält. Das so berechnete Potentialdiagramm für den Zerfall des NCN im Triplett- und Singulett-Zustand zu C + $N_2$ (Reaktion $R_{7.10}$ und $R_{7.11}$) ist in Abbildung 7.9 gezeigt.

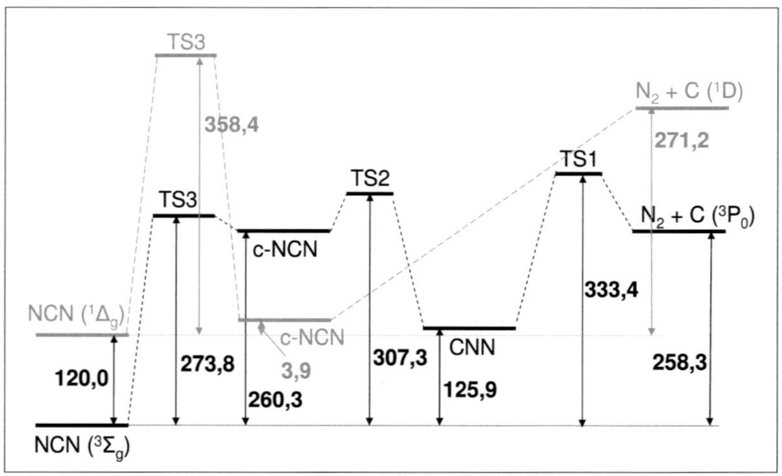


Abbildung 7.9: Potentialdiagramm für die Dissoziation von NCN($^3\Sigma_g^-$) (schwarz) und NCN($^1\Delta_g$) (grau) zu C und $N_2$. Relative Energien in kJ mol$^{-1}$ unter Berücksichtigung der Nullpunksschwingungsenergieen, berechnet mit CCSD(T)/CBS//B3LYP/cc-pVTZ.

Sowohl NCN($^3\Sigma_g^-$) als auch NCN($^1\Delta_g$) durchlaufen beim adiabatischen Zerfall (ohne Wechsel der Spinmultiplizität) zuerst ein zyklisches Intermediat (c-NCN). Das zyklische

NCN im Singulettzustand zerfällt direkt zu den Produkten $C(^1D)$ und $N_2(^1\Sigma)$, wohingegen auf der Triplettfläche eine Isomerisierung zum linearen CNN stattfindet, bevor es zum Erreichen der Produkte $C(^3P_0)$ und $N_2(^1\Sigma)$ kommt. Diese Ergebnisse sind in guter Übereinstimmung mit den Berechnungen von Moskaleva und Lin [169] (siehe Abb. 7.1). Alle Energien, Geometrien, Schwingungsfrequenzen und Rotationskonstanten sind in Tabelle 8.14 im Anhang aufgelistet.

Ebenfalls berechnet wurde die Enthalpie der Reaktion $NCN(^3\Sigma_g^-) \rightarrow CN(^2\Sigma^+) + N(^4S)$ bei 0 K. Es wurde ein Wert von 460,1 kJ mol$^{-1}$ erhalten. Die Produkte dieses Zerfallskanals liegen also energetisch wesentlich höher als alle Übergangszustände des Zerfalls zu C und $N_2$. Von Moskaleva und Lin wurde mit einer Modifikation der G2-Methode ein ähnlicher Wert erhalten (454,2 kJ mol$^{-1}$, siehe Abbildung 7.1) [169]. Der Zerfall von NCN zu CN und N ist also energetisch wesentlich ungünstiger als der zu C und $N_2$.

Wie oben beschrieben wird NCN im Experiment *in situ* durch den thermischen Zerfall von $NCN_3$ gebildet, wobei es wahrscheinlich im elektronisch angeregten Zustand $NCN(^1\Delta_g)$ entsteht. Detektiert wird allerdings $C(^3P_0)$, welches das bevorzugte Produkt des Zefalls von $NCN(^3\Sigma_g^-)$ ist. Aus $NCN(^1\Delta_g)$ sollte durch einen spinerlaubten Prozess in erster Linie $C(^1D)$ gebildet werden. Würden die C-Atome tatsächlich zuerst im angeregten Singulettzustand entstehen und sollte erst danach ein Wechsel des Spinzustandes stattfinden, könnte man auf der Zeitskala unserer Experimente keine C-Atome beobachten, da $C(^1D)$ eine Lebensdauer von 4600 s besitzt [186]. Das heißt, dass zur Interpretation der experimentellen Ergebnisse ein Überkreuzen der Singulett- und Triplettfläche, ein *Intersystem Crossing* (ISC)[2], vor der Abspaltung der C-Atome in Betracht gezogen werden muss.

Theoretisch könnte es schon während des thermischen Zerfalls von $NCN_3$ oder unmittelbar danach durch Stöße zum *Intersystem Crossing* kommen, also $NCN(^3\Sigma_g^-)$ gebildet werden. Wäre dies der Fall, so könnten aber die hohen experimentellen Werte für die Geschwindigkeitskonstante des NCN-Zerfalls nicht erklärt werden. Dann sollte man im Experiment Ergebnisse erhalten, die mit den Rechnungen von Moskaleva und Lin [169, 171] übereinstimmen.

Das letztendlich bei der kinetischen Modellierung verwendete Schema ist in Abbildung 7.10 dargestellt. Es wird davon ausgegangen, dass die Reaktion vom elektronisch angeregten Singulettzustand des NCN startet, also dass aus dem Vorläufer $NCN_3(^1A')$ in einer

---

[2]Als *Intersystem Crossing* wird der Übergang zwischen zwei Zuständen unterschiedlicher Spinmultiplizität bezeichnet. Das ist möglich, wenn Triplett- und Singulettzustand bei gleicher Kernanordnung dieselbe Energie besitzen und die Elektronenspins, z.B. wie im $N_2O$ durch Spin-Bahn-Kopplung, entkoppelt werden. Man nennt einen solchen Übergang auch nicht-adiabatisch.

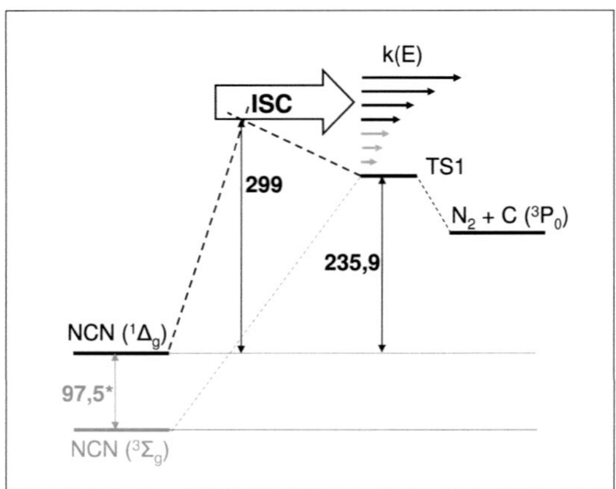


Abbildung 7.10: Reduziertes Potentialdiagramm mit den Energien (in kJ mol$^{-1}$), die zur kinetischen Modellierung verwendet wurden. Die wegen des angenommenen ISC eingeführte Barriere ist ebenfalls eingezeichnet. *Spektroskopischer Wert übernommen aus Referenz [187].

adiabatischen Reaktion NCN($^1\Delta_g$) entsteht. Das ISC sollte auf der Reaktionskoordinate noch vor der Bildung des ersten Intermediates, des c-NCN, stattfinden. Nach Bildung des zyklischen NCN unterscheiden sich die Molekülgeometrien entlang des Energieminimumweges auf der Singulett- und Triplettpotentialfläche so stark, dass kein Überkreuzen zu erwarten ist. Schon im c-NCN ist der C-N-C-Bindungswinkel zwischen Singulett- (54,9°) und Triplettzustand (81,16°) so verschieden, dass dort ein ISC wie auch schon von Moskaleva und Lin [169] angemerkt ausgeschlossen werden kann.

Für die Berechnungen nehmen wir deshalb an, dass ausgehend vom Singulett-NCN durch ein noch vor dem Singulettübergangszustand TS3 stattfindendes *Intersystem Crossing* das zyklische NCN im Triplettzustand gebildet und danach die Triplettfläche durchlaufen wird. Weiterhin nehmen wir an, dass der Wechsel des Spinzustandes schneller als das Durchlaufen der Übergangszustände ist. Der höchste und somit geschwindigkeitsbestimmende Übergangszustand auf der Triplettfläche ist der in den Abbildungen 7.9 und 7.10 mit TS1 bezeichnete. Bei den Berechnungen wurden deshalb die anderen Übergangszustände und Intermediate auf der Triplettfläche vernachlässigt und nur der letzte Schritt über TS1 berücksichtigt. Außerdem wurde für die Energiedifferenz zwischen NCN($^3\Sigma_g^-$) und NCN($^1\Delta_g$) ein spektroskopischer Wert von 97,5 kJ mol$^{-1}$ [187] dem berechneten Wert von 120 kJ mol$^{-1}$ vorgezogen. Damit liegt der Übergangszustand TS1 energetisch

235,9 kJ mol$^{-1}$ über dem Reaktanden NCN($^1\Delta_g$). Es muss also der folgende reduzierte Reaktionsweg durchschritten werden:

$$^1\text{NCN} \xrightarrow{ISC} {}^3\text{TS1} \longrightarrow {}^3\text{C} + {}^1\text{N}_2$$

Ginge man davon aus, dass das ISC sehr schnell ist und die Geschwindigkeit der Reaktion nicht beeinflusst, muss man zur Berechnung der Geschwindigkeitskonstante für die $^3$C-Bildung nur den Reaktanden NCN($^1\Delta_g$) und den Übergangszustand TS1 auf der Triplettfläche betrachten. Die Schwellenergie wäre dann einfach die Energiedifferenz zwischen TS1 und $^1$NCN, also 235,9 kJ mol$^{-1}$. So berechnete thermische Geschwindigkeitskonstanten erweisen sich aber als zu groß.

Eine adäquate Berechnung der Geschwindigkeit des Singulett-Triplett-Übergangs ist sehr aufwendig und bereitet zurzeit noch große Schwierigkeiten (siehe Referenz [188]). Deshalb wurde ein sehr vereinfachter Weg gewählt. Es wird eine Energiebarriere für das ISC eingeführt, die als Anpassungsparameter behandelt, das heißt so gewählt wird, dass die experimentell bestimmten Geschwindigkeitskonstanten $k_{R7.1}$ am besten durch die Rechnungen reproduziert werden können. Letztendlich führte eine Barriere von 299 kJ mol$^{-1}$ (ausgehend von NCN($^1\Delta_g$)) zu den besten Ergebnissen. Das heißt, dass in diesem vereinfachenden Modell ausschließlich Moleküle mit einer Energie von über 299 kJ mol$^{-1}$ den Übergangszustand TS1 durchlaufen. Die spezifischen Geschwindigkeitskonstanten wurden unterhalb dieser Energie gleich null gesetzt.

**Geschwindigkeitskonstanten**

Um die experimentell bestimmte Geschwindigkeitskonstante für die $^3$C-Bildung in Abhängigkeit von Temperatur und Druck $k_{R7.1}(T, p)$ zu berechnen, wurde eine Mastergleichungsanalyse mit dem Programm *eigvss* [132] durchgeführt. Die spezifischen Geschwindigkeitskonstanten wurden dabei mit der RRKM-Theorie berechnet. (Zu Mastergleichung und RRKM-Theorie siehe auch Kapitel 3.5.1 bis 3.5.3.)

Nach der statistischen Theorie unimolekularer Reaktionen können spezifische Geschwindigkeitskonstanten mit Gleichung 3.73 berechnet werden:

$$k(E) = L\frac{W(E)}{h\rho(E)}$$

Die Abhängigkeit von der Drehimpulsquantenzahl $J$ wird in den Rechnungen vernachlässigt. Die Summe der Zustände $W(E)$ und die Zustandsdichte $\rho(E)$ werden für das bei der mittleren Temperatur der Experimente gemittelte $J$ berechnet, für NCN($^1\Delta_g$)

und T $= 2300$ K ergibt sich $\langle J \rangle = 63$. Die Reaktionswegentartung $L$ ist für NCN $\rightarrow$ C + $N_2$ gleich eins. Die Summe der Zustände $W(E)$ für den Übergangszustand TS1 und die Zustandsdichte $\rho(E)$ des Reaktanden $NCN(^1\Delta_g)$ wurden im Rahmen der harmonischen Näherung[3] für die aktiven Freiheitsgrade wie in Referenz [189] angegeben, in der die Berechnung der Zustandsdichte explizit für lineare dreiatomige Moleküle beschrieben ist, ausgezählt. Für die weitere Berechnung wurden die mit der Whitten-Rabinovitch-Näherung erhaltene geglättete Zustandsdichte und Summe der Zustände verwendet.

Zur Beschreibung des Stoßenergietransfers zwischen Reaktanden- und Badgasteilchen benötigt man sowohl die Stoßhäufigkeit $\omega$ als auch die Stoßübergangswahrscheinlichkeit P (siehe Kapitel 3.5.2). Da nichts über das Stoßverhalten des NCN bekannt ist, die Stoßfrequenz aber ähnlich der von $CO_2$ mit demselben Badgas (Argon) sein sollte[4], wurden zur Berechnung der Lennard-Jones-Stoßfrequenz $\omega_{LJ}$ für NCN die Parameter von $CO_2$ verwendet. Die eingesetzten Lennard-Jones-Parameter sind folgende [74]: $\epsilon(NCN)/k_B = 195,2$ K, $\sigma(NCN) = 3,941$ Å, $\epsilon(Ar)/k_B = 93,3$ K, $\sigma(Ar) = 3,542$ Å($k_B$: Boltzmannkonstante). Für 2300 K ergab sich so zum Beispiel eine Stoßzahl von $2{,}31 \cdot 10^9$ s$^{-1}$ für 1,4 bar und $6{,}75 \cdot 10^9$ s$^{-1}$ für 4,1 bar.

Für die Stoßübergangswahrscheinlichkeiten $P(E', E)$ wurde das Stepladder-Modell verwendet. Mit $\Delta E_{SL} = 880$ cm$^{-1}$, also einer mittleren pro Abwärtsstoß übertragenen Energie $\langle \Delta E \rangle_d$ von 880 cm$^{-1}$, lässt sich die experimentell beobachtete Druckabhängigkeit der Geschwindigkeitskonstante $k_{R_{7.1}}$ sehr gut beschreiben. Die im Mittel pro Stoß übertragene Energie entspricht dann beispielsweise -220 cm$^{-1}$ bei 2500 K. Dieser betragsmäßig hohe Wert scheint gerechtfertigt, wenn man bedenkt, dass NCN und Ar dasselbe Molekulargewicht (40 g mol$^{-1}$) besitzen und Stöße zwischen ihnen deshalb sehr effizient sein können.

Für die Lösung der diskretisierten Mastergleichung (Gleichung 3.62) mit den so berechneten Parametern wurde eine Schrittweite von 10 cm$^{-1}$ gewählt. Der am wenigsten negative Eigenwert und der dazugehörende Eigenvektor wurden mit Standardroutinen für tridiagonale Matrizen berechnet [135]. (Siehe auch Referenz [76].)

Die Ergebnisse der Mastergleichungsrechnung für $k_{R_{7.1}}$ sind in Abbildung 7.6 als unterbrochene rote und blaue Linie eingezeichnet. Die Übereinstimmung zwischen Rechnung und Experiment ist sehr gut. Die Mastergleichungsanalyse bestätigt auch, dass sich die Reaktion bei den experimentellen Bedingungen im Niederdruckbereich befindet. Dieser

---

[3]Zur Beschreibung der Schwingungen und Rotationen werden die Modelle von harmonischem Oszillator und starrem Rotator verwendet.

[4]$CO_2$ ist wie NCN linear, besitzt $D_{\infty h}$-Symmetrie und ist somit auch unpolar, sein Molekulargewicht liegt mit 44 g mol$^{-1}$ nur 4 g mol$^{-1}$ über dem von NCN.

wird laut Rechnung auch für die niedrigsten Temperaturen von etwa 1800 K erst bei einem Druck von über 1000 bar verlassen. In Abbildung 7.7 ist die berechnete Niederdruckgeschwindigkeitskonstante $k_0(T)$ für die Reaktion $R_{7.1}$ ebenfalls als unterbrochene Linie aufgetragen. Ihre Temperaturabhängigkeit kann mit folgendem Ausdruck beschrieben werden:

$$k_0(T) = 2,68 \cdot 10^{14} \cdot \exp\left(\frac{\text{-233,2 kJ mol}^{-1}}{RT}\right) \text{cm}^3 \text{ mol}^{-1} \text{ s}^{-1} \qquad (7.6)$$

Die theoretischen Überlegungen lassen sich also wie folgt zusammenfassen: Geht man wie in Referenz [169] geschehen von $^3$NCN als Reaktand aus, so lässt sich durch eine adiabatische Reaktion die schnelle experimentell beobachtete Bildung von $^3$C nicht erklären. Nimmt man ein ISC von der Singulett- auf die Triplettfläche des NCN an, das viel schneller ist als die chemische Reaktion, und somit die gemessene Geschwindigkeitskonstante nicht beeinflusst, so ist die berechnete thermische Geschwindigkeitskonstante zu groß. Erst das Einführen einer Barriere für den Übergang von der Singulett- auf die Triplettpotentialfläche führte zu Berechnungen, die in der Lage sind, die experimentellen Ergebnisse sehr gut zu reproduzieren.

### 7.3.3 Diskussion

Es stellt sich die Frage, ob der eingeschlagene Weg zur Berechnung der Geschwindigkeitskonstante mit der Annahme des Wechsels in der Spinmultiplizität vor Erreichen von TS3 auf der Singulettpotentialfläche mit den tatsächlich auf molekularer Ebene ablaufenden Vorgängen vereinbar ist. Erste Berechnungen führten zur Vermutung eines Überkreuzens der Potentialflächen bei einem N-C-N-Winkel von etwa 100°, was mit dem angenommenen Schema in Abbildung 7.10 in Einklang wäre.

Eine genauere Berechnung des Energieminimumweges für die ersten Reaktionsschritte ist in Abbildung 7.11 gezeigt. Die Geometrien und Energien wurden mit DFT auf B3LYP/cc-pVTZ-Niveau berechnet. Es fand keine Berechnung der Energien mit der *Coupled-Cluster*-Methode statt, weshalb die Energien nicht mit denjenigen in Abbildung 7.9 übereinstimmen. Es fällt auf, dass sich erst bei einem N-C-N-Winkel von etwa 70,5° die Potentialflächen des Triplett- und Singulettzustandes scheinbar überschneiden. In der folgenden Tabelle ist die Geometrie der beiden Spinzustände bei ungefähr diesem Winkel angegeben.

| Bindungslänge d bzw. Winkel $\alpha$ | Singulett-NCN | Triplett-NCN |
|---|---|---|
| $d(\text{C-N}_a)$ | 1,303 Å | 1,225 Å |
| $d(\text{C-N}_b)$ | 1,428 Å | 1,455 Å |
| $d(\text{N-N})$ | 1,581 Å | 1,556 Å |
| $\alpha(\text{N-C-N})$ | 70,6° | 70,4° |

Man erkennt, dass die Geometrien sehr ähnlich, aber nicht identisch sind. In zukünftigen Rechnungen könnte man versuchen, Singulett- und Triplettzustände zu zwingen, dieselbe Geometrie anzunehmen, um so eventuell die Energie besser abzuschätzen, bei der ein Überkreuzen der Flächen möglich wird.

Ein *Intersystem Crossing* bei dieser Geometrie würde bedeuten, dass auf der Reaktionskoordinate erst nach Durchlaufen des Singulettübergangszustandes TS3, wenn ein Übergang von der $C_s$- zur $C_{2v}$-Symmetrie stattfindet[5], der Sprung auf die Triplettpotentialfläche erfolgt. Bei 70,5° befindet man sich auf der Triplettfläche zwischen dem zyklischen Triplett-NCN und dem Übergangszustand TS2, zwischen denen die $C_{2v}$-Symmetrie in $C_s$-Symmetrie übergeht. Nimmt man an, dass tatsächlich hier der Sprung zwischen den Potentialflächen erfolgt, so wäre der Übergangszustand TS3 auf der Singulettfläche der energetisch am höchsten gelegene zu überschreitende und somit geschwindigkeitsbestimmend. Mit einer Barriere von 358,4 kJ mol$^{-1}$ (Differenz zwischen $^1$TS3 und $^1$NCN, siehe Abb. 7.9) würden sich allerdings durch eine Mastergleichungsanalyse viel kleinere Geschwindigkeitskonstanten als experimentell bestimmt ergeben.

Möglicherweise findet auch direkt ein Übergang vom NCN($^1\Delta_g$) zum NCN($^3\Sigma_g^-$) statt. Für ein stoßinduziertes *Intersystem Crossing* sprechen zum Beispiel noch nicht veröffentlichte Experimente aus Kiel [173]. Eine Erklärung für die im Vergleich zu den Experimenten zu niedrigen berechneten Geschwindigkeitskonstanten für den $^3$NCN-Zerfall (Reaktion $R_{7.10}$) könnte dann auch sein, dass zwar ein Übergang von NCN($^1\Delta_g$) zu NCN($^3\Sigma_g^-$) erfolgt, das NCN aber nicht vollständig relaxiert, bevor es zur Weiterreaktion kommt. Man müsste also von einer Besetzung ausgehen, bei der höhere Energieniveaus stärker und niedrigere Energieniveaus schwächer als bei einer Boltzmann-Verteilung besetzt sind.

Auch Experimente aus unserer Gruppe geben Hinweise auf einen stoßinduzierten Multiplizitätswechsel. NCN wurde durch Photolyse von NCN$_3$ erzeugt und durch resonante LIF bei 329,0 nm im Triplettzustand nachgewiesen [166, 168]. Die aufgenommenen Signale zeigten immer Induktionsphasen, die vermuten lassen, dass durch die Photolyse erst $^1$NCN entsteht, das dann zum detektierten $^3$NCN relaxiert. Die Relaxationszeit war

---

[5]$C_{2v}$-Symmetrie bedeutet, dass die Bindungen zwischen dem C-Atom und beiden N-Atomen gleich lang sind. Bei $C_s$-Symmetrie sind die Bindungslängen unterschiedlich.

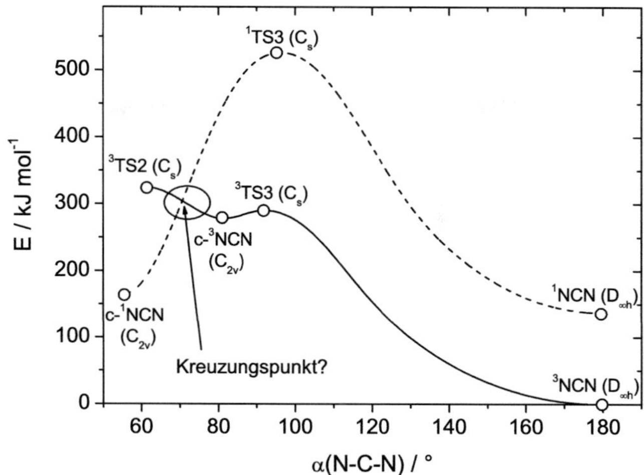


Abbildung 7.11: Minimumenergieweg (*intrinsic reaction coordinate*, IRC [190]) für den Zerfall von NCN($^3\Sigma_g^-$) und NCN($^1\Delta_g$) in Abhängigkeit vom Winkel zwischen N, C und N. Berechnet mit B3LYP/cc-pVTZ. Der Kreuzungspunkt ist für Moleküle mit mehr als zwei Atomen eigentlich ein mehrdimensionaler Kreuzungssaum.

dabei schlecht charakterisierbar, da das Zeitprofil von $^3$NCN nicht mit einer Bildung aus einer einfachen Reaktion erster Ordnung aus $^1$NCN kompatibel war. Ein stoßinduzierter Prozess könnte dieses Verhalten erklären. Die adäquate Modellierung dieses Vorgangs würde dann wahrscheinlich eine zeitabhängige Mastergleichungsanalyse erforden.

Es ist auch nicht auszuschließen, dass schon direkt beim Zerfall des Vorläufermoleküls NCN$_3$ ein *Intersystem Crossing* stattfindet, das heißt, dass das Cyanonitren doch direkt im Triplettzustand gebildet wird. Dagegen spricht wieder die große experimentell ermittelte Geschwindigkeit der $^3$C-Bildung.

Für den Einsatz der Ausdrücke 7.4 und 7.5 bei der Modellierung von Verbrennungsprozessen sollte man sich darüber im Klaren sein, dass letztendlich nicht mit Bestimmtheit entschieden werden kann, ob diese Geschwindigkeitskonstanten den Zerfall des Triplett- oder des Singulett-NCN charakterisieren. Das Verhältnis von $^3$NCN und $^1$NCN in realen Verbrennungssystemen ist außerdem nicht bekannt. Durch die Reaktion von $^2$CH mit $^1$N$_2$, welche als die Hauptbildungsreaktion des NCN gilt, sollte bevorzugt $^3$NCN und $^2$H entstehen [156]. Auch die Bidlung von $^1$NCN und $^2$H ist ein spinerlaubter Prozess, der allerdings energetisch um fast 100 kJ mol$^{-1}$ ungünstiger ist.

## 7.3.4 Zusammenfassung und Ausblick

Die Geschwindigkeitskonstante $k_{R7.1}$ für den Zerfall von NCN zu C und N$_2$ konnte für Temperaturen zwischen 1800 und 2950 K in zwei Druckbereichen durch Detektion von $^3$C mit C-ARAS bestimmt werden. Dabei wurde NCN$_3$ erfolgreich als thermischer Vorläufer für NCN eingesetzt. Die Geschwindigkeitskonstante der Reaktion $R_{7.1}$ zeigt eine deutliche Temperaturabhängigkeit, die Reaktion befindet sich im Niederdruckbereich. Es konnte bestätigt werden, dass der Reaktionskanal zu C und N$_2$ eindeutig gegenüber der Bildung von CN und N bevorzugt ist.

Die gemessenen Konzentrations-Zeit-Profile der C-Atome konnten über 1,5 ms mit einem einfachen vierstufigen Mechanismus simuliert werden. Um aus diesen Signalen auf die Geschwindigkeitskonstante einer weiteren beteiligten Reaktion zu schließen, sind weitere Informationen erforderlich. Wäre zum Beispiel die Geschwindigkeitskonstante der Reaktion NCN + NCN bekannt, so könnte man die Geschwindigkeitskonstante für NCN + C und auch die Geschwindigkeitskonstante für die Rekombination zweier C-Atome aus den vorhandenen Signalen ermitteln.

Die experimentell bestimmten Geschwindigkeitskonstanten $k_{R7.1}$ für ungefähr 1,4 bar sind deutlich höher als von Moskaleva und Lin [169, 171] für etwa denselben Druckbereich vorausgesagt. Eine Erklärung könnte in der Spinmultiplizität des erzeugten NCN zu finden sein. Die experimentellen Ergebnisse konnten durch eine Mastergleichungsanalyse, bei der ein *Intersystem Crossing* durch Einführung einer zusätzlichen adjustierbaren Reaktionsbarriere berücksichtigt wurde, sehr gut modelliert werden.

Der Mechanismus des angenommenen ISC ist noch unverstanden. Zur Aufklärung bedarf es weiterer Experimente und genauerer Rechnungen. Experimentell könnte man zum Beispiel versuchen $^1$NCN bei der Pyrolyse von NCN$_3$ in Stoßwellenexperimenten nachzuweisen. Auf theoretischer Seite sollte der eventuelle Kreuzungssaum von Singulett- und Triplettpotentialfläche besser charakterisiert werden. Sollte sich bestätigen, dass es zu einem spinverbotenen Prozess kommt, so könnte auch versucht werden, die Geschwindigkeitskonstante mit der sogenannten *spin-forbidden transition state theory* zu berechnen [188]. Die Landau-Zener-Theorie bietet eine Möglichkeit zur Berechnung der Wahrscheinlichkeit des Übergangs zwischen Potentialflächen unterschiedlicher Multiplizität [191, 192]. Die in der vorliegenden Arbeit erhaltenen kinetischen Daten bilden einen sehr guten Ansatz für die weitere mechanistische Aufklärung.

# 8 Anhang

## 8.1 Der thermische Zerfall von Ammoniak als Testsystem

### 8.1.1 Experimentelle Bedingungen

Tabelle 8.1: Reaktionsbedingungen für den thermischen Zerfall von $NH_3$. (M: Modulationsindex)

| $T$ / K | $p$ / bar | $[Ar]$ / (mol cm$^{-3}$) | $[NH_3]_0$ / (mol cm$^{-3}$) | M | $\alpha_c$ / (cm$^2$ mol$^{-1}$) | $|\Delta f|_{max}$ |
|---|---|---|---|---|---|---|
| 1540 ppm $NH_3$ in Ar | | | | | | |
| 2463 | 1,27 | $6,17 \cdot 10^{-6}$ | $9,52 \cdot 10^{-9}$ | 1,56 | $4,00 \cdot 10^5$ | 0,742 |
| 2537 | 1,25 | $5,92 \cdot 10^{-6}$ | $9,13 \cdot 10^{-9}$ | 1,56 | $3,71 \cdot 10^5$ | 0,734 |
| 2669 | 1,25 | $5,63 \cdot 10^{-6}$ | $8,69 \cdot 10^{-9}$ | 1,53 | $3,25 \cdot 10^5$ | 0,710 |
| 1411 ppm $NH_3$ in Ar | | | | | | |
| 2374 | 1,31 | $6,60 \cdot 10^{-6}$ | $9,33 \cdot 10^{-9}$ | 1,57 | $4,37 \cdot 10^5$ | 0,748 |
| 2500 | 1,28 | $6,16 \cdot 10^{-6}$ | $6,47 \cdot 10^{-9}$ | 1,54 | $3,84 \cdot 10^5$ | 0,730 |
| 2530 | 1,31 | $6,20 \cdot 10^{-6}$ | $8,76 \cdot 10^{-9}$ | 1,63 | $3,72 \cdot 10^5$ | 0,753 |
| 2648 | 1,24 | $5,64 \cdot 10^{-6}$ | $7,97 \cdot 10^{-9}$ | 1,58 | $3,32 \cdot 10^5$ | 0,731 |
| 845 ppm $NH_3$ in Ar | | | | | | |
| 2334 | 1,31 | $6,74 \cdot 10^{-6}$ | $5,70 \cdot 10^{-9}$ | 1,66 | $4,56 \cdot 10^5$ | 0,785 |
| 2548 | 1,20 | $5,67 \cdot 10^{-6}$ | $4,80 \cdot 10^{-9}$ | 1,64 | $3,68 \cdot 10^5$ | 0,759 |
| 2596 | 1,23 | $5,71 \cdot 10^{-6}$ | $4,83 \cdot 10^{-9}$ | 1,63 | $3,50 \cdot 10^5$ | 0,752 |
| 2667 | 1,28 | $5,76 \cdot 10^{-6}$ | $4,87 \cdot 10^{-9}$ | 1,67 | $3,25 \cdot 10^5$ | 0,753 |
| 2700 | 1,17 | $5,19 \cdot 10^{-6}$ | $4,39 \cdot 10^{-9}$ | 1,67 | $3,17 \cdot 10^5$ | 0,756 |

| T / K | p / bar | [Ar] / (mol cm$^{-3}$) | [NH$_3$]$_0$ / (mol cm$^{-3}$) | M | $\alpha_c$ / (cm$^2$ mol$^{-1}$) | $|\Delta f|_{max}$ |
|---|---|---|---|---|---|---|
| 2795 | 1,14 | $4{,}92{\cdot}10^{-6}$ | $4{,}16{\cdot}10^{-9}$ | 1,67 | $2{,}89{\cdot}10^5$ | 0,747 |
| 2938 | 1,13 | $4{,}63{\cdot}10^{-6}$ | $3{,}91{\cdot}10^{-9}$ | 1,60 | $2{,}51{\cdot}10^5$ | 0,711 |
| 615 ppm NH$_3$ in Ar | | | | | | |
| 2370 | 1,35 | $6{,}86{\cdot}10^{-6}$ | $4{,}22{\cdot}10^{-9}$ | 1,63 | $4{,}38{\cdot}10^5$ | 0,768 |
| 2416 | 1,24 | $6{,}19{\cdot}10^{-6}$ | $3{,}81{\cdot}10^{-9}$ | 1,56 | $4{,}20{\cdot}10^5$ | 0,743 |
| 2444 | 1,35 | $6{,}62{\cdot}10^{-6}$ | $4{,}07{\cdot}10^{-9}$ | 1,61 | $4{,}05{\cdot}10^5$ | 0,754 |
| 2568 | 1,28 | $6{,}00{\cdot}10^{-6}$ | $3{,}69{\cdot}10^{-9}$ | 1,57 | $3{,}59{\cdot}10^5$ | 0,729 |
| 2625 | 1,24 | $5{,}66{\cdot}10^{-6}$ | $3{,}49{\cdot}10^{-9}$ | 1,60 | $3{,}40{\cdot}10^5$ | 0,743 |
| 2670 | 1,23 | $5{,}55{\cdot}10^{-6}$ | $3{,}41{\cdot}10^{-9}$ | 1,63 | $3{,}25{\cdot}10^5$ | 0,742 |

## 8.1.2 Reaktionsmechanismus und thermochemische Daten

Tabelle 8.2: Mechanismus des thermischen Zerfalls von $NH_3$. Geschwindigkeitskonstanten für die Vorwärtsreaktionen: $k = A \cdot \left(\frac{T}{K}\right)^n \cdot \exp\left(\frac{-E_a}{RT}\right)$, A hat je nach Reaktionsordnung die Einheit $s^{-1}$ oder $cm^3\ mol^{-1}\ s^{-1}$, $E_a$ ist in $kJ\ mol^{-1}$ angegeben. (Aus Referenz [95].)

| Nr. | Reaktion | A | n | $E_a$ |
|---|---|---|---|---|
| 1 | $NH_3 + M \rightleftharpoons NH_2 + H + M$ | $2,20 \cdot 10^{16}$ | | 391,0 |
| 2 | $NH_3 + H \rightleftharpoons NH_2 + H_2$ | $6,36 \cdot 10^5$ | 2,39 | 42,5 |
| 3 | $NH_2 + M \rightleftharpoons NH + H + M$ | $1,20 \cdot 10^{15}$ | | 318,0 |
| 4 | $NH_2 + H \rightleftharpoons NH + H_2$ | $1,58 \cdot 10^{14}$ | | 29,3 |
| 5 | $NH_2 + NH \rightleftharpoons N_2H_2 + H$ | $2,00 \cdot 10^{13}$ | | |
| 6 | $NH_2 + NH_2 \rightleftharpoons NH_3 + NH$ | $1,70 \cdot 10^{13}$ | | 27,9 |
| 7 | $NH_2 + N \rightleftharpoons N_2 + H + H$ | $7,20 \cdot 10^{13}$ | | |
| 8 | $NH_2 + NH_2 \rightleftharpoons N_2H_2 + H_2$ | $5,00 \cdot 10^{11}$ | | 41,8 |
| 9 | $NH + M \rightleftharpoons N + H + M$ | $2,65 \cdot 10^{14}$ | | 316,0 |
| 10 | $NH + H \rightleftharpoons H_2 + N$ | $3,60 \cdot 10^{13}$ | | 1,4 |
| 11 | $NH + N \rightleftharpoons N_2 + H$ | $3,00 \cdot 10^{13}$ | | |
| 12 | $NH + NH \rightleftharpoons N_2 + H + H$ | $5,00 \cdot 10^{13}$ | | |
| 13 | $N_2H_2 + M \rightleftharpoons N_2H + H + M$ | $5,00 \cdot 10^{16}$ | | 209,0 |
| 14 | $N_2H_2 + H \rightleftharpoons N_2H + H_2$ | $5,00 \cdot 10^{13}$ | | 4,2 |
| 15 | $N_2H_2 + NH \rightleftharpoons N_2H + NH_2$ | $1,00 \cdot 10^{13}$ | | 4,2 |
| 16 | $N_2H_2 + NH_2 \rightleftharpoons N_2H + NH_3$ | $1,00 \cdot 10^{13}$ | | 4,2 |
| 17 | $N_2H + M \rightleftharpoons N_2 + H + M$ | $2,00 \cdot 10^{14}$ | | 83,7 |
| 18 | $N_2H + H \rightleftharpoons N_2 + H_2$ | $4,00 \cdot 10^{13}$ | | 12,5 |
| 19 | $N_2H + NH \rightleftharpoons N_2 + NH_2$ | $5,00 \cdot 10^{13}$ | | |
| 20 | $N_2H + NH_2 \rightleftharpoons N_2 + NH_3$ | $5,00 \cdot 10^{13}$ | | 316,0 |
| 21 | $H_2 + M \rightleftharpoons H + H + M$ | $2,19 \cdot 10^{14}$ | | 401,0 |

Tabelle 8.3: Thermochemische Daten für die Modellierungen zur Ammoniakpyrolyse. Die Daten sind hauptsächlich Ref. [193] entnommen und im Chemkinformat tabelliert, Daten für $N_2H_2$ und $N_2H$ stammen aus Ref. [26]. Die Geschwindigkeitskonstanten der Rückreaktionen in Tabelle 8.2 wurden über das Prinzip des detaillierten Gleichgewichtes bestimmt. (Siehe S.147 für Anmerkungen zu den Parametern.)

| | T/K | Parameter | | | | | | |
|---|---|---|---|---|---|---|---|---|
| | | $a_1$ | $a_2$ | $a_3$ | $a_4$ | $a_5$ | $a_6$ | $a_7$ |
| $NH_3$ | 200-1000 | 0,26344521E1 | 0,56662560E-2 | -0,17278676E-5 | 0,23867161E-9 | -0,12578786E-13 | -0,65446958E4 | 0,65662928E1 |
| | 1000-6000 | 0,42860274E1 | -0,46605230E-2 | 0,21718513E-4 | -0,22808887E-7 | 0,82638046E-11 | -0,67417285E4 | -0,62537277 |
| $NH_2$ | 200-1000 | 0,28347421E1 | 0,32073082E-2 | -0,93390804E-6 | 0,13702953E-9 | -0,79206144E-14 | 0,22171957E5 | 0,65204163E1 |
| | 1000-6000 | 0,42040029E1 | -0,21061385E-2 | 0,71068348E-5 | -0,56115197E-8 | 0,16440717E-11 | 0,21885910E5 | -0,14184248 |
| $NH$ | 200-1000 | 0,27836928E1 | 0,13298430E-2 | -0,42478047E-6 | 0,78348501E-10 | -0,55044470E-14 | 0,42120848E5 | 0,57407799E1 |
| | 1000-6000 | 0,34929085E1 | 0,31179198E-3 | -0,14890484E-5 | 0,24816442E-8 | -0,10356967E-11 | 0,41880629E5 | 0,18483278E1 |
| $H$ | 200-1000 | 2,50000001 | -2,30842973E-11 | 1,61561948E-14 | -4,73515235E-18 | 4,98197357E-22 | 2,54736599E4 | -4,46682914E-1 |
| | 1000-3500 | 2,50000000 | 7,05332819E-13 | -1,99591964E-15 | 2,30081632E-18 | -9,27732332E-22 | 2,54736599E4 | -4,46682853E-1 |
| $H_2$ | 200-1000 | 3,33727920 | -4,94024731E-5 | 4,99456778E-7 | -1,79566394E-10 | 2,00255376E-14 | -9,50158922E2 | -3,20502331 |
| | 1000-3500 | 2,34433112 | 7,98052075E-3 | -1,94781510E-5 | 2,01572094E-8 | -7,37611761E-12 | -9,17935173E2 | 6,83010238E-1 |
| $N_2H_2$ | 200-1000 | 0,13111509E1 | 0,90018727E-2 | -0,31491187E-5 | 0,48144969E-9 | -0,27189798E-13 | 0,24786417E5 | 0,16409109E2 |
| | 1000-6000 | 0,49106602E1 | -0,10779187E-1 | 0,38651644E-4 | -0,38650163E-7 | 0,13485210E-10 | 0,24224273E5 | 0,91027970E-1 |
| $N_2H$ | 200-1000 | 3,42744423 | 3,23295234E-3 | -1,17296299E-6 | 1,90508356E-10 | -1,14491506E-14 | 2,90433115E4 | 6,39209233 |
| | 1000-6000 | 4,25474632 | -3,45098298E-3 | 1,37788699E-5 | -1,33263744E-8 | 4,41023397E-12 | 2,90689168E4 | 3,28551762 |
| $N$ | 200-1000 | 0,24159429E1 | 0,17489065E-3 | -0,11902369E-6 | 0,30226245E-10 | -0,20360982E-14 | 0,56133773E5 | 0,46496096E1 |
| | 1000-6000 | 0,25000000E1 | 0,00000000 | 0,00000000 | 0,00000000 | 0,00000000 | 0,56104637E5 | 0,41939087E1 |
| $N_2$ | 200-1000 | 0,02926640E2 | 0,14879768E-2 | -0,05684760E-5 | 0,10097038E-9 | -0,06753351E-13 | -0,09227977E4 | 0,05980528E2 |
| | 1000-5000 | 0,03298677E2 | 0,14082404E-2 | -0,03963222E-4 | 0,05641515E-7 | -0,02444854E-10 | -0,10208999E4 | 0,03950372E2 |
| $Ar$ | 300-1000 | 0,02500000E2 | 0,00000000 | 0,00000000 | 0,00000000 | 0,00000000 | -0,07453750E4 | 0,04366000E2 |
| | 1000-5000 | 0,02500000E2 | 0,00000000 | 0,00000000 | 0,00000000 | 0,00000000 | -0,07453750E4 | 0,04366000E2 |

# 8.2 Der thermische Zerfall von Allylamin

## 8.2.1 Experimentelle Bedingungen

Tabelle 8.4: Reaktionsbedingungen und experimentell ermittelte Geschwindigkeitskonstanten für den thermischen Zerfall $C_3H_5NH_2 \rightarrow C_3H_5 + NH_2$ für etwa 1,6 bar. (M: Modulationsindex)

| $T$ / K | $p$ / bar | $[Ar]$ / $(\text{mol cm}^{-3})$ | $[C_3H_5NH_2]_0$ / $(\text{mol cm}^{-3})$ | $M$ | $\alpha_c$ / $(\text{cm}^2 \text{ mol}^{-1})$ | $|\Delta f|_{max}$ | $k$ / $\text{s}^{-1}$ |
|---|---|---|---|---|---|---|---|
| 15,6 ppm $C_3H_5NH_2$ in Ar | | | | | | | |
| 1248 | 1,65 | $1,59 \cdot 10^{-5}$ | $2,48 \cdot 10^{-10}$ | 1,64 | $1,81 \cdot 10^6$ | 0,864 | 940 |
| 1308 | 1,65 | $1,52 \cdot 10^{-5}$ | $2,37 \cdot 10^{-10}$ | 1,65 | $1,64 \cdot 10^6$ | 0,864 | 4290 |
| 1359 | 1,65 | $1,46 \cdot 10^{-5}$ | $2,28 \cdot 10^{-10}$ | 1,65 | $1,51 \cdot 10^6$ | 0,861 | 7940 |
| 1384 | 1,58 | $1,37 \cdot 10^{-5}$ | $2,14 \cdot 10^{-10}$ | 1,65 | $1,46 \cdot 10^6$ | 0,864 | 11300 |
| 1438 | 1,60 | $1,34 \cdot 10^{-5}$ | $2,09 \cdot 10^{-10}$ | 1,66 | $1,34 \cdot 10^6$ | 0,861 | 24840 |
| 1497 | 1,60 | $1,29 \cdot 10^{-5}$ | $2,01 \cdot 10^{-10}$ | 1,65 | $1,23 \cdot 10^6$ | 0,853 | 64580 |
| 25,2 ppm $C_3H_5NH_2$ in Ar | | | | | | | |
| 1293 | 1,67 | $1,55 \cdot 10^{-5}$ | $3,91 \cdot 10^{-10}$ | 1,65 | $1,68 \cdot 10^6$ | 0,864 | 2740 |
| 1330 | 1,64 | $1,49 \cdot 10^{-5}$ | $3,74 \cdot 10^{-10}$ | 1,66 | $1,58 \cdot 10^6$ | 0,867 | 5610 |
| 1417 | 1,61 | $1,37 \cdot 10^{-5}$ | $3,44 \cdot 10^{-10}$ | 1,65 | $1,39 \cdot 10^6$ | 0,860 | 20120 |
| 1430 | 1,56 | $1,31 \cdot 10^{-5}$ | $3,31 \cdot 10^{-10}$ | 1,66 | $1,36 \cdot 10^6$ | 0,865 | 26040 |
| 1449 | 1,58 | $1,31 \cdot 10^{-5}$ | $3,31 \cdot 10^{-10}$ | 1,64 | $1,32 \cdot 10^6$ | 0,864 | 32900 |
| 1486 | 1,63 | $1,32 \cdot 10^{-5}$ | $3,33 \cdot 10^{-10}$ | 1,66 | $1,25 \cdot 10^6$ | 0,856 | 49780 |
| 31,2 ppm $C_3H_5NH_2$ in Ar | | | | | | | |
| 1352 | 1,63 | $1,45 \cdot 10^{-5}$ | $4,53 \cdot 10^{-10}$ | 1,55 | $1,53 \cdot 10^6$ | 0,828 | 7210 |
| 50,4 ppm $C_3H_5NH_2$ in Ar | | | | | | | |
| 1192 | 1,66 | $1,67 \cdot 10^{-5}$ | $8,42 \cdot 10^{-10}$ | 1,65 | $1,99 \cdot 10^6$ | 0,870 | 390 |
| 1195 | 1,64 | $1,65 \cdot 10^{-5}$ | $8,32 \cdot 10^{-10}$ | 1,62 | $1,98 \cdot 10^6$ | 0,861 | 400 |
| 1243 | 1,66 | $1,60 \cdot 10^{-5}$ | $8,08 \cdot 10^{-10}$ | 1,62 | $1,82 \cdot 10^6$ | 0,858 | 1030 |
| 1273 | 1,64 | $1,55 \cdot 10^{-5}$ | $7,82 \cdot 10^{-10}$ | 1,65 | $1,74 \cdot 10^6$ | 0,867 | 2080 |
| 1315 | 1,63 | $1,49 \cdot 10^{-5}$ | $7,53 \cdot 10^{-10}$ | 1,64 | $1,62 \cdot 10^6$ | 0,861 | 4670 |
| 1372 | 1,63 | $1,43 \cdot 10^{-5}$ | $7,21 \cdot 10^{-10}$ | 1,59 | $1,48 \cdot 10^6$ | 0,841 | 12660 |
| 1426 | 1,58 | $1,33 \cdot 10^{-5}$ | $6,71 \cdot 10^{-10}$ | 1,65 | $1,37 \cdot 10^6$ | 0,858 | 24330 |

| T / K | p / bar | [Ar] / $(\mathrm{mol\ cm^{-3}})$ | $[\mathrm{C_3H_5NH_2}]_0$ / $(\mathrm{mol\ cm^{-3}})$ | M | $\alpha_c$ / $(\mathrm{cm^2\ mol^{-1}})$ | $|\Delta f|_{max}$ | k / $\mathrm{s^{-1}}$ |
|---|---|---|---|---|---|---|---|
| 60,9 ppm $\mathrm{C_3H_5NH_2}$ in Ar | | | | | | | |
| 1225 | 1,67 | $1,64 \cdot 10^{-5}$ | $9,96 \cdot 10^{-10}$ | 1,65 | $1,88 \cdot 10^6$ | 0,867 | 720 |
| 1263 | 1,65 | $1,57 \cdot 10^{-5}$ | $9,59 \cdot 10^{-10}$ | 1,65 | $1,76 \cdot 10^6$ | 0,866 | 1640 |
| 1284 | 1,64 | $1,53 \cdot 10^{-5}$ | $9,33 \cdot 10^{-10}$ | 1,65 | $1,70 \cdot 10^6$ | 0,867 | 2400 |
| 1335 | 1,63 | $1,47 \cdot 10^{-5}$ | $8,95 \cdot 10^{-10}$ | 1,65 | $1,57 \cdot 10^6$ | 0,864 | 6080 |
| 1346 | 1,61 | $1,44 \cdot 10^{-5}$ | $8,76 \cdot 10^{-10}$ | 1,66 | $1,55 \cdot 10^6$ | 0,868 | 7610 |
| 1374 | 1,64 | $1,43 \cdot 10^{-5}$ | $8,72 \cdot 10^{-10}$ | 1,64 | $1,48 \cdot 10^6$ | 0,858 | 10840 |
| 1393 | 1,61 | $1,39 \cdot 10^{-5}$ | $8,46 \cdot 10^{-10}$ | 1,66 | $1,44 \cdot 10^6$ | 0,861 | 13160 |
| 102,1 ppm $\mathrm{C_3H_5NH_2}$ in Ar | | | | | | | |
| 1179 | 1,68 | $1,71 \cdot 10^{-5}$ | $1,75 \cdot 10^{-9}$ | 1,66 | $2,03 \cdot 10^6$ | 0,872 | 260 |
| 1220 | 1,68 | $1,65 \cdot 10^{-5}$ | $1,69 \cdot 10^{-9}$ | 1,66 | $1,89 \cdot 10^6$ | 0,870 | 700 |
| 1233 | 1,66 | $1,62 \cdot 10^{-5}$ | $1,66 \cdot 10^{-9}$ | 1,65 | $1,85 \cdot 10^6$ | 0,867 | 920 |
| 1252 | 1,66 | $1,59 \cdot 10^{-5}$ | $1,62 \cdot 10^{-9}$ | 1,65 | $1,80 \cdot 10^6$ | 0,867 | 1450 |
| 1308 | 1,64 | $1,51 \cdot 10^{-5}$ | $1,54 \cdot 10^{-9}$ | 1,67 | $1,64 \cdot 10^6$ | 0,871 | 3450 |
| 1338 | 1,63 | $1,46 \cdot 10^{-5}$ | $1,49 \cdot 10^{-9}$ | 1,66 | $1,56 \cdot 10^6$ | 0,868 | 6420 |
| 197,6 ppm $\mathrm{C_3H_5NH_2}$ in Ar | | | | | | | |
| 1234 | 1,70 | $1,65 \cdot 10^{-5}$ | $3,27 \cdot 10^{-9}$ | 1,67 | $1,85 \cdot 10^6$ | 0,872 | 1030 |

Tabelle 8.5: Reaktionsbedingungen und experimentell ermittelte Geschwindigkeitskonstanten für den thermischen Zerfall $C_3H_5NH_2 \rightarrow C_3H_5 + NH_2$ für etwa 4,9 bar.

| $T$ / K | $p$ / bar | $[Ar]$ / (mol cm$^{-3}$) | $[C_3H_5NH_2]_0$ / (mol cm$^{-3}$) | $M$ | $\alpha_c$ / (cm$^2$ mol$^{-1}$) | $\lvert\Delta f\rvert_{max}$ | $k$ / s$^{-1}$ |
|---|---|---|---|---|---|---|---|
| 10,5 ppm $C_3H_5NH_2$ in Ar | | | | | | | |
| 1249 | 4,83 | $4,66\cdot10^{-5}$ | $4,89\cdot10^{-10}$ | 1,66 | $1,43\cdot10^6$ | 0,657 | 1020 |
| 1283 | 4,82 | $4,52\cdot10^{-5}$ | $4,75\cdot10^{-10}$ | 1,65 | $1,35\cdot10^6$ | 0,656 | 2060 |
| 1346 | 4,75 | $4,25\cdot10^{-5}$ | $4,46\cdot10^{-10}$ | 1,62 | $1,23\cdot10^6$ | 0,654 | 6940 |
| 1379 | 4,90 | $4,28\cdot10^{-5}$ | $4,49\cdot10^{-10}$ | 1,65 | $1,15\cdot10^6$ | 0,657 | 12640 |
| 1384 | 4,73 | $4,11\cdot10^{-5}$ | $4,32\cdot10^{-10}$ | 1,65 | $1,16\cdot10^6$ | 0,666 | 14410 |
| 1454 | 4,88 | $4,04\cdot10^{-5}$ | $4,24\cdot10^{-10}$ | 1,66 | $1,03\cdot10^6$ | 0,665 | 37050 |
| 1456 | 4,93 | $4,08\cdot10^{-5}$ | $4,28\cdot10^{-10}$ | 1,63 | $1,02\cdot10^6$ | 0,652 | 29930 |
| 15,6 ppm $C_3H_5NH_2$ in Ar | | | | | | | |
| 1303 | 4,82 | $4,45\cdot10^{-5}$ | $6,94\cdot10^{-10}$ | 1,65 | $1,31\cdot10^6$ | 0,658 | 2940 |
| 25,2 ppm $C_3H_5NH_2$ in Ar | | | | | | | |
| 1226 | 4,97 | $4,88\cdot10^{-5}$ | $1,23\cdot10^{-9}$ | 1,65 | $1,47\cdot10^6$ | 0,644 | 700 |
| 1232 | 4,85 | $4,73\cdot10^{-5}$ | $1,19\cdot10^{-9}$ | 1,65 | $1,47\cdot10^6$ | 0,652 | 860 |
| 1279 | 4,91 | $4,62\cdot10^{-5}$ | $1,16\cdot10^{-9}$ | 1,63 | $1,35\cdot10^6$ | 0,645 | 2160 |
| 1324 | 4,71 | $4,28\cdot10^{-5}$ | $1,08\cdot10^{-9}$ | 1,65 | $1,28\cdot10^6$ | 0,665 | 5160 |
| 1394 | 4,91 | $4,24\cdot10^{-5}$ | $1,07\cdot10^{-9}$ | 1,64 | $1,12\cdot10^6$ | 0,655 | 16700 |
| 1430 | 4,93 | $4,15\cdot10^{-5}$ | $1,05\cdot10^{-9}$ | 1,64 | $1,06\cdot10^6$ | 0,655 | 28250 |

## 8.2.2 Molekulare Parameter

Tabelle 8.6: Zur kinetischen Modellierung der Zerfallsreaktionen $R_{6.2}$ und $R_{6.3}$ des Allylamins verwendete Rotationskonstanten $B$ und harmonische Schwingungswellenzahlen $\tilde{\nu}$ (mit 0,9682 skaliert), berechnet auf B3LYP/cc-pVTZ-Niveau.

| Spezies | $B$ / cm$^{-1}$ | $\tilde{\nu}$ / cm$^{-1}$ |
|---|---|---|
| $C_3H_5NH_2$ | 0,859 | 3455; 3377; 3108; 3040; 3027; 2924; 2864[1]; |
| | 0,142 | 1655; 1603; 1456; 1416; 1358; 1277; 1268; |
| | 0,138 | 1155; 1121; 1027[2]; 1006; 928; 915; 869; 809; |
| | | 637; 442; 329; 266; 115 |
| $C_3H_5$ | 1,858 | 3134; 3132; 3044; 3038; 3031; 1474; 1467; |
| | 0,348 | 1384; 1234; 1171; 1007; 985; 910; 796; 772; |
| | 0,293 | 537; 516; 416 |
| $NH_2$ | 23,377 | 3324; 3238; 1493 |
| | 13,059 | |
| | 8,379 | |
| $C_3H_4NH_2$ | 1,471 | 3536; 3434; 3134; 3074; 3043; 3005; 1599; |
| | 0,140 | 1521; 1466; 1346; 1252; 1223; 1179; 1025; |
| | 0,128 | 933; 906; 746; 701; 569; 531; 513; 332; 282; |
| | | 209 |

---

[1]entspricht der Reaktionskoordinate der barrierelosen H-Abspaltung (Reaktion $R_{6.3}$).
[2]entspricht der Reaktionskoordinate der barrierelosen $NH_2$-Abspaltung (Reaktion $R_{6.2}$).

Tabelle 8.7: Zur kinetischen Modellierung des Benzylaminzerfalls $R_{6.5}$ verwendete Rotationskonstanten $B$ und harmonische Schwingungswellenzahlen $\tilde{\nu}$ (mit 0,9682 skaliert), berechnet auf B3LYP/cc-pVTZ-Niveau.

| Spezies | $B$ / cm$^{-1}$ | $\tilde{\nu}$ / cm$^{-1}$ |
|---|---|---|
| $C_6H_5CH_2NH_2$ | 0,162 | 3459; 3379; 3093; 3085; 3072; 3062; 3052; |
| | 0,049 | 2922; 2865; 1604; 1593; 1575; 1484; 1459; |
| | 0,039 | 1442; 1374; 1321; 1301; 1253; 1187; 1163; |
| | | 1145; 1136; 1072; 1026[3]; 1014; 990; 980; |
| | | 962; 959; 903; 841; 816; 766; 730; 696; 616; |
| | | 567; 466; 406; 400; 266; 248; 161; 48 |
| $C_6H_5CH_2$ | 0,816 | 3139; 3091; 3078; 3074; 3062; 3059; 3047; |
| | 0,091 | 1548; 1528; 1459; 1449; 1432; 1315; 1286; |
| | 0,061 | 1251; 1149; 1139; 1084; 1005; 968; 964; 949; |
| | | 943; 878; 808; 807; 756; 695; 667; 609; 518; |
| | | 490; 465; 380; 348; 193 |
| $NH_2$ | 23,377 | 3324; 3238; 1493 |
| | 13,059 | |
| | 8,379 | |

---

[3]entspricht der Reaktionskoordinate der barrierelosen $NH_2$-Abspaltung (Reaktion $R_{6.5}$).

# 8.3 Der thermische Zerfall von NCN

## 8.3.1 Experimentelle Bedingungen

Tabelle 8.8: Reaktionsbedingungen und experimentell ermittelte Geschwindigkeitskonstanten für den thermischen Zerfall von NCN zu $^3$C und $N_2$ für etwa 1 bar.

| T / K | p / bar | [Ar] / (mol cm$^{-3}$) | $[NCN_3]_0$ / (mol cm$^{-3}$) | k / s$^{-1}$ |
|---|---|---|---|---|
| 5,0 ppm NCN$_3$ in Ar | | | | |
| 2106 | 1,39 | $7,9 \cdot 10^{-6}$ | $4,0 \cdot 10^{-11}$ | 3480 |
| 2180 | 1,39 | $7,6 \cdot 10^{-6}$ | $3,8 \cdot 10^{-11}$ | 5110 |
| 2283 | 1,36 | $7,1 \cdot 10^{-6}$ | $3,6 \cdot 10^{-11}$ | 12070 |
| 2349 | 1,29 | $6,6 \cdot 10^{-6}$ | $3,3 \cdot 10^{-11}$ | 15690 |
| 2482 | 1,24 | $6,0 \cdot 10^{-6}$ | $3,0 \cdot 10^{-11}$ | 26700 |
| 2640 | 1,26 | $5,7 \cdot 10^{-6}$ | $2,9 \cdot 10^{-11}$ | 41580 |
| 2728 | 1,21 | $5,3 \cdot 10^{-6}$ | $2,7 \cdot 10^{-11}$ | 51590 |
| 6,3 ppm NCN$_3$ in Ar | | | | |
| 1887 | 1,43 | $9,1 \cdot 10^{-6}$ | $5,7 \cdot 10^{-11}$ | 680 |
| 2000 | 1,44 | $8,7 \cdot 10^{-6}$ | $5,5 \cdot 10^{-11}$ | 2170 |
| 2021 | 1,45 | $8,6 \cdot 10^{-6}$ | $5,4 \cdot 10^{-11}$ | 1970 |
| 2087 | 1,43 | $8,2 \cdot 10^{-6}$ | $5,2 \cdot 10^{-11}$ | 3440 |
| 2109 | 1,45 | $8,3 \cdot 10^{-6}$ | $5,2 \cdot 10^{-11}$ | 3380 |
| 2221 | 1,41 | $7,6 \cdot 10^{-6}$ | $4,8 \cdot 10^{-11}$ | 7660 |
| 2309 | 1,34 | $7,0 \cdot 10^{-6}$ | $4,4 \cdot 10^{-11}$ | 11220 |
| 2320 | 1,35 | $7,0 \cdot 10^{-6}$ | $4,4 \cdot 10^{-11}$ | 10750 |
| 2342 | 1,37 | $7,0 \cdot 10^{-6}$ | $4,4 \cdot 10^{-11}$ | 13060 |
| 2587 | 1,28 | $6,0 \cdot 10^{-6}$ | $3,8 \cdot 10^{-11}$ | 35000 |
| 2618 | 1,30 | $6,0 \cdot 10^{-6}$ | $3,8 \cdot 10^{-11}$ | 36730 |
| 2820 | 1,13 | $4,8 \cdot 10^{-6}$ | $3,0 \cdot 10^{-11}$ | 75240 |
| 15,4 ppm NCN$_3$ in Ar | | | | |
| 1906 | 1,47 | $9,3 \cdot 10^{-6}$ | $1,43 \cdot 10^{-10}$ | 820 |
| 1989 | 1,44 | $8,7 \cdot 10^{-6}$ | $1,34 \cdot 10^{-10}$ | 1670 |
| 2227 | 1,35 | $7,3 \cdot 10^{-6}$ | $1,12 \cdot 10^{-10}$ | 6350 |
| 2280 | 1,32 | $7,0 \cdot 10^{-6}$ | $1,07 \cdot 10^{-10}$ | 9820 |

| T / K | p / bar | [Ar] / (mol cm$^{-3}$) | [NCN$_3$]$_0$ / (mol cm$^{-3}$) | k / s$^{-1}$ |
|---|---|---|---|---|
| 2418 | 1,32 | $6,5 \cdot 10^{-6}$ | $1,01 \cdot 10^{-10}$ | 16070 |
| 2540 | 1,28 | $6,0 \cdot 10^{-6}$ | $9,3 \cdot 10^{-11}$ | 24670 |
| 16,2 ppm NCN$_3$ in Ar | | | | |
| 2323 | 1,36 | $7,0 \cdot 10^{-6}$ | $1,14 \cdot 10^{-10}$ | 13700 |
| 2622 | 1,26 | $5,8 \cdot 10^{-6}$ | $9,4 \cdot 10^{-11}$ | 39790 |
| 30,8 ppm NCN$_3$ in Ar | | | | |
| 1796 | 1,51 | $1,0 \cdot 10^{-5}$ | $3,12 \cdot 10^{-10}$ | 280 |
| 1841 | 1,48 | $9,7 \cdot 10^{-6}$ | $2,99 \cdot 10^{-10}$ | 490 |
| 1906 | 1,47 | $9,3 \cdot 10^{-6}$ | $2,86 \cdot 10^{-10}$ | 910 |
| 1938 | 1,46 | $9,1 \cdot 10^{-6}$ | $2,79 \cdot 10^{-10}$ | 1100 |
| 2042 | 1,45 | $8,6 \cdot 10^{-6}$ | $2,64 \cdot 10^{-10}$ | 2440 |
| 2125 | 1,44 | $8,1 \cdot 10^{-6}$ | $2,51 \cdot 10^{-10}$ | 3830 |
| 2200 | 1,40 | $7,7 \cdot 10^{-6}$ | $2,36 \cdot 10^{-10}$ | 5180 |
| 2334 | 1,37 | $7,1 \cdot 10^{-6}$ | $2,18 \cdot 10^{-10}$ | 11030 |
| 32,3 ppm NCN$_3$ in Ar | | | | |
| 2103 | 1,44 | $8,2 \cdot 10^{-6}$ | $2,66 \cdot 10^{-10}$ | 3360 |
| 2305 | 1,34 | $7,0 \cdot 10^{-6}$ | $2,26 \cdot 10^{-10}$ | 9740 |

Tabelle 8.9: Reaktionsbedingungen und experimentell ermittelte Geschwindigkeitskonstanten für den thermischen Zerfall von NCN zu $^3$C und $N_2$ für etwa 4 bar.

| T / | p / | [Ar] / | [NCN$_3$]$_0$ / | k / |
|---|---|---|---|---|
| K | bar | (mol cm$^{-3}$) | (mol cm$^{-3}$) | s$^{-1}$ |
| 2,0 ppm NCN$_3$ in Ar | | | | |
| 2164 | 4,23 | $2,35 \cdot 10^{-5}$ | $4,7 \cdot 10^{-11}$ | 12250 |
| 2301 | 4,31 | $2,25 \cdot 10^{-5}$ | $4,5 \cdot 10^{-11}$ | 27510 |
| 2301 | 3,89 | $2,04 \cdot 10^{-5}$ | $4,1 \cdot 10^{-11}$ | 23480 |
| 2379 | 4,23 | $2,14 \cdot 10^{-5}$ | $4,3 \cdot 10^{-11}$ | 36200 |
| 2515 | 3,94 | $1,88 \cdot 10^{-5}$ | $3,8 \cdot 10^{-11}$ | 76490 |
| 2519 | 4,23 | $2,02 \cdot 10^{-5}$ | $4,0 \cdot 10^{-11}$ | 67310 |
| 2592 | 3,80 | $1,77 \cdot 10^{-5}$ | $3,3 \cdot 10^{-11}$ | 93720 |
| 2622 | 4,04 | $1,85 \cdot 10^{-5}$ | $3,7 \cdot 10^{-11}$ | 92880 |
| 2771 | 3,81 | $1,66 \cdot 10^{-5}$ | $3,3 \cdot 10^{-11}$ | 134820 |
| 3,0 ppm NCN$_3$ in Ar | | | | |
| 2217 | 4,07 | $2,21 \cdot 10^{-5}$ | $6,6 \cdot 10^{-11}$ | 21290 |
| 2342 | 4,08 | $2,09 \cdot 10^{-5}$ | $6,3 \cdot 10^{-11}$ | 33060 |
| 2376 | 3,91 | $1,98 \cdot 10^{-5}$ | $5,9 \cdot 10^{-11}$ | 45720 |
| 2502 | 3,76 | $1,81 \cdot 10^{-5}$ | $5,4 \cdot 10^{-11}$ | 71860 |
| 2519 | 3,95 | $1,89 \cdot 10^{-5}$ | $5,7 \cdot 10^{-11}$ | 83160 |
| 2618 | 3,84 | $1,77 \cdot 10^{-5}$ | $5,3 \cdot 10^{-11}$ | 114880 |
| 2681 | 3,75 | $1,68 \cdot 10^{-5}$ | $5,0 \cdot 10^{-11}$ | 132450 |
| 2790 | 3,83 | $1,65 \cdot 10^{-5}$ | $5,0 \cdot 10^{-11}$ | 125400 |
| 2954 | 3,80 | $1,55 \cdot 10^{-5}$ | $4,6 \cdot 10^{-11}$ | 223350 |
| 5,0 ppm NCN$_3$ in Ar | | | | |
| 1898 | 4,45 | $2,82 \cdot 10^{-5}$ | $1,4 \cdot 10^{-10}$ | 2460 |
| 1927 | 4,19 | $2,62 \cdot 10^{-5}$ | $1,3 \cdot 10^{-10}$ | 3570 |
| 2115 | 4,31 | $2,45 \cdot 10^{-5}$ | $1,2 \cdot 10^{-10}$ | 11860 |
| 2217 | 4,09 | $2,22 \cdot 10^{-5}$ | $1,1 \cdot 10^{-10}$ | 20670 |
| 2269 | 3,96 | $2,10 \cdot 10^{-5}$ | $1,1 \cdot 10^{-10}$ | 22860 |
| 2426 | 4,06 | $2,01 \cdot 10^{-5}$ | $1,0 \cdot 10^{-10}$ | 43280 |
| 7,6 ppm NCN$_3$ in Ar | | | | |
| 1816 | 4,38 | $2,90 \cdot 10^{-5}$ | $2,20 \cdot 10^{-10}$ | 770 |

| $T\ /$ | $p\ /$ | $[Ar]\ /$ | $[NCN_3]_0\ /$ | $k\ /$ |
|---|---|---|---|---|
| K | bar | (mol cm$^{-3}$) | (mol cm$^{-3}$) | s$^{-1}$ |
| 1848 | 4,33 | $2,82 \cdot 10^{-5}$ | $2,14 \cdot 10^{-10}$ | 1150 |
| 1922 | 4,51 | $2,82 \cdot 10^{-5}$ | $2,15 \cdot 10^{-10}$ | 3200 |
| 1938 | 4,40 | $2,73 \cdot 10^{-5}$ | $2,08 \cdot 10^{-10}$ | 3910 |
| 2003 | 4,21 | $2,53 \cdot 10^{-5}$ | $1,92 \cdot 10^{-10}$ | 6650 |
| 2045 | 4,23 | $2,49 \cdot 10^{-5}$ | $1,89 \cdot 10^{-10}$ | 7260 |
| 2100 | 4,31 | $2,47 \cdot 10^{-5}$ | $1,88 \cdot 10^{-10}$ | 11150 |
| 2190 | 4,37 | $2,35 \cdot 10^{-5}$ | $1,78 \cdot 10^{-10}$ | 19790 |
| 2342 | 4,08 | $2,10 \cdot 10^{-5}$ | $1,59 \cdot 10^{-10}$ | 36270 |

Tabelle 8.10: Reaktionsbedingungen der Kalibrierexperimente bei einem Druck von etwa 1 bar.

| T / | p / | [Ar] / | $[CH_4]_0$ / |
|---|---|---|---|
| K | bar | (mol cm$^{-3}$) | (mol cm$^{-3}$) |
| 20,0 ppm $CH_4$ in Ar | | | |
| 2631 | 1,25 | $5,7 \cdot 10^{-6}$ | $1,14 \cdot 10^{-10}$ |
| 2970 | 1,19 | $4,8 \cdot 10^{-6}$ | $0,96 \cdot 10^{-10}$ |
| 30,2/30,4 ppm $CH_4$ in Ar | | | |
| 2663 | 1,24 | $5,6 \cdot 10^{-6}$ | $1,69 \cdot 10^{-10}$ |
| 2785 | 1,21 | $5,2 \cdot 10^{-6}$ | $1,58 \cdot 10^{-10}$ |
| 2855 | 1,13 | $4,7 \cdot 10^{-6}$ | $1,44 \cdot 10^{-10}$ |
| 2865 | 1,13 | $4,8 \cdot 10^{-6}$ | $1,45 \cdot 10^{-10}$ |
| 2886 | 1,14 | $4,8 \cdot 10^{-6}$ | $1,44 \cdot 10^{-10}$ |
| 2896 | 1,20 | $5,0 \cdot 10^{-6}$ | $1,50 \cdot 10^{-10}$ |

Tabelle 8.11: Reaktionsbedingungen der Kalibrierexperimente bei einem Druck von etwa 4 bar.

| T / | p / | [Ar] / | $[CH_4]_0$ / |
|---|---|---|---|
| K | bar | (mol cm$^{-3}$) | (mol cm$^{-3}$) |
| 7,4 ppm $CH_4$ in Ar | | | |
| 2790 | 3,73 | $1,61 \cdot 10^{-5}$ | $1,19 \cdot 10^{-10}$ |
| 2944 | 3,73 | $1,53 \cdot 10^{-5}$ | $1,13 \cdot 10^{-10}$ |
| 9,4 ppm $CH_4$ in Ar | | | |
| 2761 | 3,91 | $1,70 \cdot 10^{-5}$ | $1,60 \cdot 10^{-10}$ |
| 2805 | 3,85 | $1,65 \cdot 10^{-5}$ | $1,55 \cdot 10^{-10}$ |
| 2835 | 3,71 | $1,58 \cdot 10^{-5}$ | $1,48 \cdot 10^{-10}$ |
| 3020 | 3,85 | $1,53 \cdot 10^{-5}$ | $1,44 \cdot 10^{-10}$ |

## 8.3.2 Kalibriermechanismus und thermochemische Daten

Tabelle 8.12: Zur Kalibrierung der C-ARAS-Messungen eingesetzter Mechanismus des thermischen Zerfalls von $CH_4$, übernommen aus Ref. [177], erweitert um die Reaktionen 35 und 36 (siehe auch S.109). Geschwindigkeitskonstanten für die Vorwärtsreaktionen: $k = A \cdot \left(\frac{T}{K}\right)^n \cdot \exp\left(\frac{-E_a}{RT}\right)$, $A$ hat je nach Reaktionsordnung die Einheit $s^{-1}$ oder $cm^3$ $mol^{-1}$ $s^{-1}$, $E_a$ ist in kJ $mol^{-1}$ angegeben.

| Nr. | Reaktion | A | n | $E_a$ | Lit. |
|---|---|---|---|---|---|
| 1 | $CH_4 + M \rightleftharpoons CH_3 + H + M$ | | | | [185] |
| | $k_\infty$ | $2,40 \cdot 10^{16}$ | | 439,0 | |
| | $k_0$ | $4,70 \cdot 10^{47}$ | -8,20 | 43,0 | |
| | $F_c$ | $F_c = \exp(\frac{-T}{1350K}) + \exp(\frac{-7834K}{T})$ | | | |
| 2 | $CH_3 + M \rightleftharpoons CH_2 + H + M$ | $2,00 \cdot 10^{16}$ | | 379,00 | [177] |
| 3 | $CH_3 + M \rightleftharpoons CH + H_2 + M$ | $1,00 \cdot 10^{16}$ | | 357,00 | [194] |
| 4 | $CH_2 + M \rightleftharpoons CH + H + M$ | $9,3910^{15}$ | | 373,00 | [185] |
| 5 | $CH_2 + M \rightleftharpoons C + H_2 + M$ | $3,00 \cdot 10^{14}$ | | 271,00 | [185] |
| 6 | $CH + M \rightleftharpoons C + H + M$ | $1,90 \cdot 10^{14}$ | | 280,00 | [177] |
| 7 | $CH_4 + H \rightleftharpoons CH_3 + H_2$ | $2,20 \cdot 10^4$ | 3,00 | 36,60 | [177] |
| 8 | $CH_3 + H \rightleftharpoons CH_2 + H_2$ | $1,27 \cdot 10^{16}$ | -0,56 | 66,50 | [185] |
| 9 | $CH_2 + H \rightleftharpoons CH + H_2$ | $1,20 \cdot 10^{14}$ | | | [185] |
| 10 | $CH + H \rightleftharpoons C + H_2$ | $1,20 \cdot 10^{14}$ | | | [185] |
| 11 | $CH_4 + CH_3 \rightleftharpoons C_2H_5 + H_2$ | $1,00 \cdot 10^{13}$ | | 96,00 | [177] |
| 12 | $CH_4 + CH_2 \rightleftharpoons CH_3 + CH_3$ | $1,30 \cdot 10^{13}$ | | 39,80 | [177] |
| 13 | $CH_4 + CH \rightleftharpoons C_2H_4 + H$ | $6,00 \cdot 10^{13}$ | | | [177] |
| 14 | $CH_3 + CH_3 \rightleftharpoons C_2H_4 + H_2$ | $4,20 \cdot 10^{14}$ | | 80,40 | [177] |
| 15 | $CH_3 + CH_2 \rightleftharpoons C_2H_4 + H$ | $4,00 \cdot 10^{13}$ | | | [177] |
| 16 | $CH_3 + CH \rightleftharpoons C_2H_3 + H$ | $1,00 \cdot 10^{14}$ | | | [177] |
| 17 | $CH_3 + C \rightleftharpoons C_2H_2 + H$ | $5,00 \cdot 10^{13}$ | | | [177] |

| Nr. | Reaktion | A | n | $E_a$ | Lit. |
|---|---|---|---|---|---|
| 18 | $CH_2 + CH_2 \rightleftharpoons C_2H_2 + H_2$ | $3,20 \cdot 10^{13}$ | | | [177] |
| 19 | $CH_2 + CH_2 \rightleftharpoons C_2H_2 + H + H$ | $1,00 \cdot 10^{14}$ | | | [177] |
| 20 | $CH_2 + CH \rightleftharpoons C_2H_2 + H$ | $4,00 \cdot 10^{13}$ | | | [177] |
| 21 | $CH_2 + C \rightleftharpoons C_2H + H$ | $5,00 \cdot 10^{13}$ | | | [177] |
| 22 | $CH + CH \rightleftharpoons C_2H + H$ | $1,50 \cdot 10^{14}$ | | | [177] |
| 23 | $CH + C \rightleftharpoons C_2 + H$ | $2,00 \cdot 10^{14}$ | | | [177] |
| 24 | $CH + C_2 \rightleftharpoons C_3 + H$ | $1,00 \cdot 10^{14}$ | | | [177] |
| 25 | $CH + C_2H_2 \rightleftharpoons C_3H_2 + H$ | $1,30 \cdot 10^{14}$ | | | [177] |
| 26 | $CH + C_2H \rightleftharpoons C_2H_2 + C$ | $1,00 \cdot 10^{14}$ | | | [177] |
| 27 | $C_2H + C \rightleftharpoons C_3 + H$ | $1,00 \cdot 10^{14}$ | | | [177] |
| 28 | $C_2H + H_2 \rightleftharpoons C_2H_2 + H$ | $2,11 \cdot 10^{6}$ | 2,32 | 3,69 | [185] |
| 29 | $C_2H + H \rightleftharpoons C_2 + H_2$ | $1,00 \cdot 10^{14}$ | | 50,00 | [177] |
| 30 | $C_2H_5 + M \rightleftharpoons C_2H_4 + H + M$ | $1,00 \cdot 10^{17}$ | | 130,00 | [177] |
| 31 | $C_2H_4 + M \rightleftharpoons C_2H_2 + H_2 + M$ | $12,60 \cdot 10^{17}$ | | 332,20 | [177] |
| 32 | $C_2H_3 + M \rightleftharpoons C_2H_2 + H + M$ | $8,00 \cdot 10^{14}$ | | 131,90 | [177] |
| 33 | $C_2H_2 + M \rightleftharpoons C_2H + H + M$ | $4,20 \cdot 10^{16}$ | | 448,00 | [177] |
| 34 | $H + H + M \rightleftharpoons H_2 + M$ | $1,00 \cdot 10^{18}$ | -1,00 | | [177] |
| 35 | $C_2H_2 + C \rightleftharpoons C_3H + H$ | $4,00 \cdot 10^{14}$ | | 50,20 | [178] |
| 36 | $C_2 + M \rightleftharpoons C + C + M$ | $1,50 \cdot 10^{16}$ | | 595,00 | [183] |

Kalibriergleichungen

Durch die Modellierung der Kalibrierexperimente (Tabellen 8.10 und 8.11) erhaltene Relation zwischen der Absorbanz $A(= lg(I_0/I))$ und der C-Atom-Konzentration [C]:

für etwa 1 bar: $[C]/(\text{mol cm}^{-3}) = 3,2168 \cdot 10^{-10}A - 1,3899 \cdot 10^{-9}A^2 + 2,7959 \cdot 10^{-9}A^3$

für etwa 4 bar: $[C]/(\text{mol cm}^{-3}) = 4,9205 \cdot 10^{-10}A - 1,9187 \cdot 10^{-9}A^2 + 3,1921 \cdot 10^{-9}A^3$

Tabelle 8.13: Thermochemische Daten für die Modellierungen zum thermischen Zerfall von $CH_4$. Die Daten sind Referenz [26] entnommen und im Chemkinformat tabelliert. Die Geschwindigkeitskonstanten der Rückreaktionen in Tabelle 8.12 wurden über das Prinzip des detaillierten Gleichgewichtes aus denen der Vorwärtsreaktionen bestimmt. (Siehe S.147 für Anmerkungen zu den Parametern.)

| | T/K | Parameter | | | | | | |
| --- | --- | --- | --- | --- | --- | --- | --- | --- |
| | | $a_1$ | $a_2$ | $a_3$ | $a_4$ | $a_5$ | $a_6$ | $a_7$ |
| $CH_4$ | 200-1000 | 1,65326226 | 1,00263099E-2 | -3,31661238E-6 | 5,36483138E-10 | -3,14696758E-14 | -1,00095936E4 | 9,90506283 |
| | 1000-6000 | 5,14911468 | -1,36622009E-2 | 4,91453921E-5 | -4,84246767E-8 | 1,66603441E-11 | -1,02465983E4 | -4,63848842 |
| $CH_3$ | 200-1000 | 0,29781206E1 | 0,57978520E-2 | -0,19755800E-5 | 0,30729790E-9 | -0,17917416E-13 | 0,16509513E5 | 0,47224799E1 |
| | 1000-6000 | 0,36571797E1 | 0,21265979E-2 | 0,54583883E-5 | -0,66181003E-8 | 0,24657074E-11 | 0,16422716E5 | 0,16735354E1 |
| H | 200-1000 | 0,25000000E1 | 0,00000000 | 0,00000000 | 0,00000000 | 0,00000000 | 0,25473660E5 | -0,44668285 |
| | 1000-6000 | 0,25000000E1 | 0,00000000 | 0,00000000 | 0,00000000 | 0,00000000 | 0,25473660E5 | -0,44668285 |
| $CH_2$ | 200-1000 | 3,11049513 | 3,73779517E-3 | -1,37371977E-6 | 2,23054839E-10 | -1,33567178E-14 | 4,59715953E4 | 4,62796405 |
| | 1000-6000 | 3,84261832 | -7,36676871E-6 | 6,16970693E-6 | -6,96689962E-9 | 2,64620979E-12 | 4,58631528E4 | 1,27584470 |
| CH | 200-1000 | 0,25209369E1 | 0,17653639E-2 | -0,46147660E-6 | 0,59289675E-10 | -0,33474501E-14 | 0,70994878E5 | 0,74051829E1 |
| | 1000-6000 | 0,34897583E1 | 0,32432160E-3 | -0,16899751E-5 | 0,31628420E-8 | -0,14061803E-11 | 0,70660755E5 | 0,20842841E1 |
| $H_2$ | 200-1000 | 2,93286575 | 8,26608026E-4 | -1,46402364E-7 | 1,54100414E-11 | -6,88804800E-16 | -8,13065581E2 | -1,02432865 |
| | 1000-6000 | 2,34433112 | 7,98052075E-3 | -1,94781510E-5 | 2,01572094E-8 | -7,37611761E-12 | -9,17935173E2 | 6,83010238E-1 |
| C | 200-1000 | 0,26055830E1 | -0,19593434E-3 | 0,10673722E-6 | -0,16423940E-10 | 0,81870580E-15 | 0,85411742E5 | 0,41923868E1 |
| | 1000-6000 | 0,25542395E1 | -0,32153772E-3 | 0,73379223E-6 | -0,73223487E-9 | 0,26652144E-12 | 0,85442681E5 | 0,45313085E1 |
| $C_2H_5$ | 200-1000 | 4,32195633 | 1,23930542E-2 | -4,39680960E-6 | 7,03519917E-10 | -4,18435239E-14 | 1,21759475E4 | 1,71103809E-1 |
| | 1000-6000 | 4,24185905 | -3,56905235E-3 | 4,82667202E-5 | -5,85401009E-8 | 2,25804514E-11 | 1,29690344E4 | 4,44703782 |
| $C_2H_4$ | 200-1000 | 3,99182724 | 1,04833908E-2 | -3,71721342E-6 | 5,94628366E-10 | -3,53630386E-14 | 4,26865851E3 | -2,69081762E-1 |
| | 1000-6000 | 3,95920063 | -7,57051373E-3 | 5,70989993E-5 | -6,91588352E-8 | 2,69884190E-11 | 5,08977598E3 | 4,09730213 |
| $C_2H_3$ | 200-1000 | 4,15026763 | 7,54021341E-3 | -2,62997847E-6 | 4,15974048E-10 | -2,45407509E-14 | 3,38566380E4 | 1,72812235 |
| | 1000-6000 | 3,36377642 | 2,65765722E-4 | 2,79620704E-5 | -3,72986942E-8 | 1,51590176E-11 | 3,44749589E4 | 7,91510092 |
| $C_2H_2$ | 200-1000 | 4,65878489 | 4,88396667E-3 | -1,60828888E-6 | 2,46974544E-10 | -1,38605959E-14 | 2,57594042E4 | -3,99838194 |
| | 1000-6000 | 8,08679682E-1 | 2,33615762E-2 | -3,55172234E-5 | 2,80152958E-8 | -8,50075165E-12 | 2,64289808E4 | 1,39396761E1 |

| | T/K | Parameter | | | | | | |
|---|---|---|---|---|---|---|---|---|
| | | $a_1$ | $a_2$ | $a_3$ | $a_4$ | $a_5$ | $a_6$ | $a_7$ |
| $C_2H$ | 200-1000 | 3,66270248 | 3,82492252E-3 | -1,36632500E-6 | 2,13455040E-10 | -1,23216848E-14 | 6,71683790E4 | 3,92205792 |
| | 1000-6000 | 2,89867676 | 1,32988489E-2 | -2,80733327E-5 | 2,89484755E-8 | -1,07502351E-11 | 6,70616050E4 | 6,18547632 |
| $C_2$ | 200-1000 | 4,12492246 | 1,08348338E-4 | 1,57252585E-7 | -4,24046828E-11 | 3,25059373E-15 | 9,81882961E-4 | 7,97432262E-1 |
| | 1000-6000 | -1,96261001 | 5,76822247E-2 | -1,58039636E-4 | 1,72462711E-7 | -6,57913199E-11 | 9,82538219E-4 | 2,33201223E1 |
| $C_3$ | 200-1000 | 4,80363533 | 2,14513832E-3 | -1,07293374E-6 | 2,60738413E-10 | -2,01634398E-14 | 9,72408769E4 | 3,89374482E-1 |
| | 1000-6000 | 5,43290497 | -4,46759757E-3 | 1,49323279E-5 | -1,47954918E-8 | 5,01427143E-12 | 9,73400585E4 | -1,58722640 |
| $C_3H_2$ | 200-1000 | 6,74647935 | 5,43300689E-3 | -1,92072371E-6 | 3,06675624E-10 | -1,82157001E-14 | 9,59157420E4 | -1,02270830E1 |
| | 1000-6000 | 2,87526884 | 1,99235624E-2 | -2,41971222E-5 | 1,66378231E-8 | -4,69230977E-12 | 9,68191728E4 | 8,88674315 |
| $C_3H$ | 200-1000 | 6,14184491 | 3,39661013E-3 | -1,21915444E-6 | 1,97782838E-10 | -1,18312807E-14 | 8,44225753E4 | -6,44480148 |
| | 1000-6000 | 3,34917187 | 1,65822626E-2 | -2,77115653E-5 | 2,51382364E-8 | -8,85285352E-12 | 8,49863168E4 | 6,80362439 |
| Ar | 200-1000 | 2,50000000 | 0,00000000 | 0,00000000 | 0,00000000 | 0,00000000 | -7,45375000E2 | 4,37967491 |
| | 1000-6000 | 2,50000000 | 0,00000000 | 0,00000000 | 0,00000000 | 0,00000000 | -7,45375000E2 | 4,37967491 |

### 8.3.3 Molekulare Parameter

Tabelle 8.14: Zur kinetischen Modellierung des NCN-Zeralls $R_{6.5}$ verwendete Rotationskonstanten $B$ und harmonische Schwingungswellenzahlen $\tilde{\nu}$ (mit 0,9682
skaliert), berechnet auf B3LYP/cc-pVTZ-Niveau. Zum Vergleich sind auch
Schwingungswellenzahlen $\tilde{\nu}$(ML) aus Referenz [169] angegeben.

| Spezies | $B$ / cm$^{-1}$ | $\tilde{\nu}$ / cm$^{-1}$ | $\tilde{\nu}$(ML) / cm$^{-1}$ |
|---|---|---|---|
| NCN($^3\Sigma_g^-$) | 0,397 | 1442; 1204; 459; 459 | 1566,4; 1274,1; 449,2; 449,2 |
| | 0,397 | | |
| NCN($^1\Delta_g$) | 0,397 | 1699; 1216; 375; 375 | |
| | 0,397 | | |
| TS1[4] | 1,323 | 1864; 362; 477i | 1935,8; 363,7; 483,3i |
| | 0,605 | | |
| | 0,480 | | |

**Anmerkungen** zu den in Tabelle 8.3 und Tabelle 8.13 aufgelisteten thermochemischen
Daten:

$$c_p(T) = a_1 + a_2 \left(\tfrac{T}{K}\right) + a_3 \left(\tfrac{T}{K}\right)^2 + a_4 \left(\tfrac{T}{K}\right)^3 + a_5 \left(\tfrac{T}{K}\right)^4.$$

$$\frac{\Delta H^0(T)}{RT} = a_1 + \tfrac{a_2}{2} \left(\tfrac{T}{K}\right) + \tfrac{a_3}{3} \left(\tfrac{T}{K}\right)^2 + \tfrac{a_4}{4} \left(\tfrac{T}{K}\right)^3 + \tfrac{a_5}{5} \left(\tfrac{T}{K}\right)^4 + \tfrac{a_6 K}{T}.$$

$$\frac{S^0(T)}{R} = a_1 ln\left(\left(\tfrac{T}{K}\right)\right) + a_2 \left(\tfrac{T}{K}\right) + \tfrac{a_3}{2} \left(\tfrac{T}{K}\right)^2 + \tfrac{a_4}{3} \left(\tfrac{T}{K}\right)^3 + \tfrac{a_5}{4} \left(\tfrac{T}{K}\right)^4 + a_7.$$

(Ex bedeutet $10^x$)

---

[4]Siehe Potentialdiagramme in den Abbildungen 7.1, 7.9 und 7.10

# Literaturverzeichnis


[1] M. J. Prather, D. Ehhalt, *Climate Change 2001: The Science of Climate Change, Intergovernmental Panel on Climate Change*, Cambridge University Press, Cambridge, 2001.

[2] L. Jaeglé, L. Steinberger, R. V. Martin, K. Chance, *Faraday Discuss.*, **130**, 407 (2005). Global partitioning of $NO_x$ sources using satellite observations: Relative roles of fossil fuel combustion, biomas burning and soil emmisions.

[3] A. M. Dean, J. W. Bozzelli, *Gas-Phase Combustion Chemistry, Chapter 2*, W. C. Gardiner, Springer-Verlag, New York, 2000.

[4] Y. B. Zeldovich, *Acta Physicochim. URSS*, **21**, 577 (1946). The oxidation of nitrogen in combustion and explosions.

[5] C. P. Fenimore, *Proc. Combust. Inst.*, **13**, 373 (1971). Formation of nitric oxide in premixed hydrocarbon flames.

[6] I. G. Zsély, J. Zador, T. Turányi, *Int. J. Chem. Kin.*, **40**, 754 (2008). Uncertainty Analysis of NO Production During Methane Combustion.

[7] P. Glarborg and A. D. Jensen and J. E. Johnsson, *Prog. Energy Combust. Sci.*, **29**, 89 (2003). Fuel nitrogen conversion in solid fuel fired systems.

[8] P. J. Crutzen, A. R. Mosier, K. A. Smith, W. Winiwarter, *Atmos. Chem. Phys.*, **8**, 389 (2008). $N_2O$ release from agro-biofuel production negates global warming reduction by replacing fossil fuels.

[9] K. Kohse-Höinghaus, P. Oßwald, T. A. Cool, T. Kasper, N. Hansen, F. Qi, C. K. Westbrook, P. R. Westmoreland, *Angew. Chem.*, **122**, 3652 (2010). Verbrennungschemie der Biokraftstoffe: von Ethanol bis Biodiesel.

[10] J. Warnatz, U. Maas, *Technische Verbrennung Physikalisch-Chemische Grundlagen, Modellbildung, Schadstoffentstehung*, Springer-Verlag, Berlin Heidelberg, 1993.

[11] J. A. Miller, M. J. Pilling, J. Troe, *Proc. Combust. Inst.*, **30**, 43 (2005). Unravelling combustion mechanisms through a quantitative understanding of elementary reactions.

[12] R. K. Lyon, *U.S. Patent 3,900,554* (1975). Method for the reduction of the concentration of NO in combustion effluents using ammonia.

[13] E. F. Greene, J. P. Toennies, *Chemical Reactions in Shock Waves*, Edward Arnold (Publishers) Ltd., London, 1964.

[14] A. G. Gaydon, I. R. Hurle, *The shock tube in high-temperature chemical physics*, Chapman and Hall, London, 1963.

[15] R. S. Tranter, B. R. Giri, *Rev. Sci. Instrum.*, **79**, 094103 (2008). A diaphragmless shock tube for high temperature kinetic studies.

[16] B. R. Giri, J. H. Kiefer, H. Xu, S. J. Klippenstein, R. S. Tranter, *Phys. Chem. Chem. Phys.*, **10**, 6266 (2008). An experimental and theoretical high temperature kinetic study of the thermal unimolecular dissociation of fluoroethane.

[17] G. B. Rieker, H. Li, X. Liu, J. B. Jeffries, R. K. Hanson, M. G. Allen, S. D. Wehe, P. A. Mulhall, H. S. Kindle, *Meas. Sci. Technol.*, **18**, 1195 (2007). A diode laser sensor for rapid, sensitive measurements of gas temperature and water vapor concentration at high temperatures and pressures.

[18] E. F. Greene, J. P. Toennies, *Chemische Reaktionen in Stoßwellen*, Dr. D. Steinkopff Verlag, Darmstadt, 1959.

[19] H. Oertel, *Stoßrohre*, Springer-Verlag, Wien, New York, 1 ed., 1966.

[20] A. Lifshitz, *Shock Waves in Chemistry*, Marcel Dekker, New York, 1981.

[21] W. J. M. Rankine, *Phil. Trans. Roy. Soc.*, **160**, 277 (1870). On the Thermodynamic Theory of Waves of Finite Longitudinal Disturbance.

[22] P. H. Hugoniot, *J. Ecole Polytech. Paris*, **57**, 3 (1887). Memoire sur la propagation du mouvement dans les corps et spécialement dans les gaz parfaits, 1e Patie.

[23] P. H. Hugoniot, *J. Ecole Polytech. Paris*, **58**, 1 (1889). Memoire sur la propagation du mouvement dans les corps et spécialement dans les gaz parfaits, 2e Patie.

[24] D. McQuarrie, J. D. Simon, *Physical Chemistry*, University Science Books, Sausalito, 1997.

[25] Oak Ridge National Laboratory, *Thermodynamics Resource, (http://www.sandia. gov/HiTempThermo/mp4search.html)*, Sandia National Laboratories for the US Department of Energy.

[26] A. Burcat, B. Ruscic, *Third Millenium Ideal Gas And Condensed Phase Thermochemical Database for Combustion with Updates from Active Thermochemical Tables (http://garfield.chem.elte.hu/Burcat/THERM.DAT)*, 2009.

[27] T. Seta, M. Nakajima, A. Miyoshi, *Rev. Sci. Instrum.*, **76**, 064103 (2005). Development of a technique for high-temperature chemical kinetic: Shock tube/pulsed laser-induced fluorescence imaging.

[28] A. L. Myerson, H. M. Thompson, P. J. Joseph, *J. Chem. Phys.*, **42**, 3331 (1965). Resonance Absorption Spectrophotometry of the Hydrogen Atom Behind Shock Waves.

[29] A. L. Myerson, W. S. Watt, *J. Chem. Phys.*, **49**, 425 (1968). Atom-Formation Rates behind Shock Waves in Hydrogen and the Effect of Added Oxygen.

[30] E. Mozzhukin, M. Burmeister, P. Roth, *Ber. Bunsen-Ges. Phys. Chem.*, **93**, 70 (1989). High Temperature Dissociation of CN.

[31] A. J. Dean, D. F. Davidson, R. K. Hanson, *Proceedings of Fifteenth Symposium on Shock Tubes and Shock Waves, Lehigh University* (1989).

[32] A. Lifshitz, G. B. Skinner, D. R. Wood, *J. Chem. Phys.*, **70**, 5607 (1979). Resonance absorption measurements of atom concentrations in reacting gas mixtures. I. Shapes of H and D Lyman-$\alpha$ lines from microwave sources.

[33] R. G. Maki, J. V. Michael, J. W. Sutherland, *J. Phys. Chem.*, **89**, 4815 (1985). Lyman-$\alpha$ Photometry: Curve Growth Determination, Comparison to Theoretical Oscillator Strength, and Line Absorption Calculations at High Temperature.

[34] K. M. Pamidimukkala, A. Lifshitz, G. B. Skinner, D. R. Wood, *J. Chem. Phys.*, **75**, 1116 (1981). Resonance absorption measurements of atom concentrations in reacting gas mixtures. VI. Shapes of the vacuum ultraviolet oxygen ($^3$S-$^3$P) resonance triplet from microwave sources and empirical calibration in a shock tube.

[35] D. R. Wood, A. L. G. W. Skinner, *J. Chem. Phys.*, **87**, 5092 (1987). Measurement and modeling of nitrogen resonance line profiles from an electrodeless discharge lamp.

[36] A. J. Dean, D. F. Davidson, R. K. Hanson, *J. Phys. Chem.*, **95**, 183 (1991). A Shock Tube Study of C Atoms with $H_2$ and $O_2$ Using Excimer Photolysis of $C_3O_2$ and C Atom Atomic Resonance Absorption Spectroscopy.

[37] G. Friedrichs, H. G. Wagner, *Z. Phys. Chem.*, **203**, 1 (1998). Investigation of the Thermal Decay of Carbon Suboxide.

[38] J. Deppe, G. Friedrichs, H.-J. Römming, H. G. Wagner, *Phys. Chem. Chem. Phys.*, **1**, 427 (1999). A kinetic study of the reaction of $NH_2$ with NO in the temperature range 1400-2800 K.

[39] G. Friedrichs, H. G. Wagner, *Z. Phys. Chem.*, **214**, 1723 (2000). Quantitative FM Spectroscopy at High Temperatures: The Detection of $^1CH_2$ behind Shock Waves.

[40] G. C. Bjorklund, *Opt. Lett.*, **5**, 15 (1980). Frequency-modulation spectroscopy: a new method for measuring weak absorptions and dispersions.

[41] J. A. Silver, *Applied Optics*, **31**, 707 (1992). Frequency-modulation spectroscopy for trace gas detection: theory and comparison among experimental methods.

[42] D. S. Bomse, A. C. Stanton, J. A. Silver, *Applied Optics*, **31**, 718 (1992). Frequency-modulation and wavelength modulation spectroscopies - comparison of experimental methods using a lead-salt diode laser.

[43] J. Andrews, P. Dallin, *Spectrosc. Eur.*, **16**, 24 (2004). Frequency modulation spectroscopy.

[44] J. Deppe, G. Friedrichs, A. Ibrahim, H.-J. Römming, H. G. Wagner, *Ber. Bunsenges. Phys. Chem.*, **102**, 1474 (1998). The thermal decomposition of $NH_2$ and NH Radicals.

[45] M. Votsmeier, S. Song, D. F. Davidson, R. K. Hanson, *Int. J. Chem. Kin.*, **31**, 445 (1999). Sensitive Detection of $NH_2$ in Shock Tube Experiments using Frequency Modulation Spectroscopy.

[46] E. A. Whittaker, M. Gehrtz, G. C. Bjorklund, *J. Opt. Soc. Am. B*, **2**, 1320 (1985). Residual amplitude modulation in laser electro-optic phase modulation.

[47] G. E. Hall, S. W. North, *Annu. Rev. Phys. Chem.*, **51**, 243 (2000). Transient Laser Frequency Modulation Spectroscopy.

[48] J. M. Supplee, A. A. Whittaker, W. Lenth, *Applied Optics*, **33**, 6294 (1994). Theoretical description of frequency modulation and wavelength modulation spectroscopy.

[49] G. Friedrichs, *Z. Phys. Chem.*, **222**, 1 (2008). Sensitive Absorption Methods for Quantitative Gas Phase Kinetic Measurements. Part 1: Frequency Modulation Spectroscopy.

[50] Signal Recovery, *Technical Note TN 1000. What is a Lock-in Amplifier? (http://www.signalrecovery.com/AppsNotes/TN1000.pdf)*, 2008.

[51] G. Friedrichs, *FORTRAN-Programm fmpromult*, Universität Kiel.

[52] M. Gehrtz, G. C. Bjorklund, E. A. Whittaker, *J. Opt. Soc. Am. B*, **2**, 1510 (1985). Quantum-linited laser requency-modulation spectroscopy.

[53] D. R. Hjelme, S. Neegård, E. Vartdal, *Opt. Lett.*, **20**, 1731 (1995). Optical fringe reduction in frequency-modulation spectroscopy experiments.

[54] J. I. Steinfeld, J. S. Francisco, W. L. Hase, *Chemical Kinetics and Dynamics*, Prentice Hall, New York, 1999.

[55] J. Warnatz, *HOMREA Version 2.5*, Universität Heidelberg (IWR), 2002.

[56] *LabVIEW$^{TM}$ 7*, National Instruments, 2003.

[57] T. Bentz, *VisHom Version 2.0*, Universität Karlsruhe, 2008.

[58] R. D. Levine, *Molecular Reaction Dynamics*, Cambridge University Press, Cambridge, 2005.

[59] R. G. Gilbert, S. C. Smith, *Theory of Unimolecular and Recombination Reactions*, Blackwell Scientific, Oxford, 1990.

[60] S. A. Arrhenius, *Z. Phys. Chem.*, **4**, 226 (1889). Über die Reaktionsgeschwindigkeit bei der Inversion von Rohrzucker durch Säuren.

[61] S. R. Logan, *J. Chem. Educ.*, **59**, 279 (1982). The Origin and Status of the Arrhenius Equation.

[62] K. J. Laidler, *J. Chem. Educ.*, **61**, 494 (1984). The Development of the Arrhenius Equation.

[63] W. C. Gardiner jr., *Acc. Chem. Res.*, **10**, 326 (1977). Temperature Dependence of Bimolecular Gas Reaction Rates.

[64] R. C. Tolman, *Statistical Mechanics with Applications to Physics and Chemistry*, Chemical Catalog Co., New York, 1927.

[65] F. A. Lindemann, *Trans. Faraday Soc.*, **17**, 598 (1922). Discussion on "The Radiation Theory of Chemical Action".

[66] K. A. Holbrook, M. J. Pilling, S. H. Robertson, *Unimolecular Reactions*, John Wiley and Sons, Chichester, 1996.

[67] C. N. Hinshelwood, *Proc. Roy. Soc. A (London)*, **113**, 230 (1926). On the theory of unimolecular reactions.

[68] J. Troe, *J. Phys. Chem.*, **83**, 114 (1979). Predictive Possibilities of Unimolecular Rate Theory.

[69] W. Forst, *Unimolecular Reactions. A Concise Introduction*, Cambridge University Press, Cambridge, 2003.

[70] P. L. Houston, *Chemical Kinetics and Reaction Dynamics*, McGraw-Hill, New York, 2001.

[71] H. Eyring, *J. Chem. Phys.*, **3**, 107 (1935). The Activated Complex in Chemical Reactions.

[72] M. G. Evans, M.Polanyi, *Trans. Faraday Soc.*, **31**, 875 (1935). Some applications of the transition state method to the calculation of reaction velocities, especially in solution.

[73] J. O. Hirschfelder, C. F. Curtis, R. B. Bird, *Molecular Theory of Gases and Liquids*, Wiley, New York, 1964.

[74] R. C. Reid, J. M. Prausnitz, B. E. Poling, *The Properties of Gases and Liquids*, McGraw-Hill, New York, 4 ed., 1987.

[75] D. C. Tardy, B. S. Rabinovitch, *J. Chem. Phys.*, **45**, 3720 (1966). Collisional Energy Transfer. Thermal Unimolecular Systems in the Low-Pressure Region.

[76] M. Olzmann, *Phys. Chem. Chem. Phys.*, **4**, 3614 (2002). On the role of bimolecular reactions in chemical activation systems.

[77] E. Pollak, P. Pechukas, *J. Am. Chem. Soc.*, **100**, 2984 (1978). Symmetry Numbers, Not Statistical Factors, Should Be Used in Absolute Rate Theory and Brønsted Relations.

[78] O. K. Rice, H. C. Ramsperger, *J. Am. Chem. Soc.*, **49**, 1617 (1927). Theories of Unimolecular Gas Reactions at Low Pressures.

[79] L. S. Kassel, *J. Phys. Chem.*, **32**, 225 (1928). Studies in Homogeneous Gas Reactions. I.

[80] L. S. Kassel, *J. Phys. Chem.*, **32**, 106 (1928). Studies in Homogeneous Gas Reactions. II. Introduction of Quantum Theory.

[81] R. A. Marcus, O. K. Rice, *J. Phys. Chem.*, **55**, 894 (1951). The Kinetics of the Recombination of Methyl Radicals and Iodine Atoms.

[82] R. A. Marcus, *J. Chem. Phys.*, **20**, 359 (1952). Unimolecular Dissociations and Free Radical Recombination Reactions.

[83] R. A. Marcus, *J. Chem. Phys.*, **20**, 349 (1952). Lifetimes of Active Molecules. I/II.

[84] M. Quack, J. Troe, *Ber. Bunsenges. Phys. Chem.*, **78**, 240 (1974). Specific rate constants of unimolecular processes.

[85] J. Troe, *J. Chem. Phys.*, **75**, 226 (1981). Theory of thermal unimolecular reactions at high pressures.

[86] J. Troe, *J. Chem. Phys.*, **79**, 6017 (1983). Specific rate constants k(E,J) for unimolecular bond fissions.

[87] C. J. Cobos, J. Troe, *J. Chem. Phys.*, **83**, 1010 (1985). Theory of thermal unimolecular reactions at high pressures. II. Analysis of experimental results.

[88] T. Beyer, D. F. Swinehart, *Comm. Assoz. Comput. Mach.*, **16**, 379 (1973). Algorithm 448: Number of Multiply-Restricted Partitions [A1].

[89] G. Z. Whitten, B. S. Rabinovitch, *J. Chem. Phys.*, **38**, 2466 (1963). Accurate and Facile Approximation for Vibrational Energy-Level Sums.

[90] G. Z. Whitten, B. S. Rabinovitch, *J. Chem. Phys.*, **41**, 1883 (1964). Approximation for Rotation-Vibration Energy Level Sums.

[91] W. Demtröder, *Laserspektroskopie: Grundlagen und Techniken*, Springer-Verlag, Berlin Heidelberg, 1991.

[92] Mini-Circuits, *dBm-volts-watts conversion (50-ohm system)* (<http://www.minicircuits.com/pages/pdfs/dg03-110.pdf>).

[93] C. C. Davis, *Lasers and Electro-Optics*, Cambridge University Press, Cambridge, 2000.

[94] D. Meschede, *Optik, Licht und Laser*, Teubner Studienbücher, Stuttgart, Leipzig, 1999.

[95] M. Colberg, *Dissertation* (2006). Aufbau und Charakterisierung einer Stoßwellenapparatur zur Untersuchung von Hochtemperaturreaktionen des Formylradikals.

[96] S. W. North, X. S. Zheng, R. Fei, G. E. Hall, *J. Chem. Phys.*, **104**, 2129 (1996). Line shape analysis of Doppler broadened frequency-modulated line spectra.

[97] G. Friedrichs, *Dissertation* (1999). Frequenzmodulierte Spektroskopie zur Untersuchung von Reaktionen des Amino- und Methylenradikals hinter Stoßwellen.

[98] G. Friedrichs, H. G. Wagner, *Z. Phys. Chem.*, **214**, 1151 (2000). Direct Measurement of the Reaction $NH_2 + H_2 \rightarrow NH_3 + H$ at Temperatures from 1360 to 2130 K.

[99] S. Song, D. M. Golden, R. K. Hanson, C. T. Bowman, *J. Phys. Chem. A*, **106**, 6094 (2002). A Shock Tube Study of Benzylamine Decomposition: Overall Rate Coefficient and Heat of Formation of the Benzyl Radical.

[100] S. Song, D. M. Golden, R. K. Hanson, C. T. Bowman, *Proc. Combust. Inst.*, **29**, 2163 (2002). A Shock Tube Study of the $NH_2 + NO_2$ Reaction.

[101] S. Song, D. M. Golden, R. K. Hanson, C. T. Bowman, J. P. Senosiain, C. B. Musgrave, G. Friedrichs, *Int. J. Chem. Kin.*, **35**, 304 (2003). A Shock Tube Study of the Reaction $NH_2 + CH_4 \rightarrow NH_3 + CH_3$ and Comparison with Transition State Theory.

[102] S. Song, R. K. Hanson, C. T. Bowman, D. M. Golden, *Int. J. Chem. Kin.*, **33**, 715 (2001). Shock Tube Determination of the Overall Rate of $NH_2$ + NO $\rightarrow$ Products in the Thermal De-NOx Temperature Window.

[103] M. Votsmeier, S. Song, R. K. Hanson, C. T. Bowman, *J. Phys. Chem. A*, **103**, 1566 (1999). A Shock Tube Study of the Product Branching Ratio for $NH_2$ + NO using Frequency-Modulated Detection of $NH_2$.

[104] K. Kohse-Höinghaus, D. F. Davidson, A. Y. Chang, R. K. Hanson, *J. Quant. Spectrosc. Radiat. Transfer*, **42**, 1 (1989). Quantitative $NH_2$ Concentration Determination in Shock Tube Laser-Absorption Experiments.

[105] G. Friedrichs, M. Colberg, M. Fikri, Z. Huang, J. Neumann, F. Temps, *J. Phys. Chem. A*, **109**, 4785 (2005). Validation of the Extended Simultaneous Kinetics and Ringdown Model by Measurements of the Reaction $NH_2$ + NO.

[106] D. F. Davidson, K. Kohse-Höinghaus, A. Y. Chang, R. K. Hanson, *Int. J. Chem. Kin.*, **22**, 513 (1990). A Pyrolysis Mechanism for Ammonia.

[107] M. Votsmeier, S. Song, D. F. Davidson, R. K. Hanson, *Int. J. Chem. Kin.*, **31**, 323 (1999). Shock Tube Study of Monomethylamine Thermal Decomposition and $NH_2$ High Temperature Absorption Coefficient.

[108] W. Demtröder, *Molekülphysik*, Oldenbourg Wissenschaftsverlag, München, 2003.

[109] M. Chou, A. M. Dean, D. Stern, *J. Chem. Phys.*, **76**, 5334 (1982). Laser absorption measurement on OH, NH and $NH_2$ in $NH_3/O_2$ flames: Determination of an oscillator strength for $NH_2$.

[110] A. M. Dean, M. Chou, D. Stern, *Int. J. Chem. Kin.*, **16**, 633 (1984). Kinetics of Rich Ammonia Flames.

[111] M. Yumura, T. Asabe, Y. Matsumoto, H. Matsui, *Int. J. Chem. Kin.*, **12**, 439 (1980). Thermal Decomposition of Ammonia in Shock Waves.

[112] M. Frenklach, *Phys. Chem. Chem. Phys.*, **4**, 2028 (2002). Reaction mechanism of soot formation in flames.

[113] C. J. Pope, J. A. Miller, **28**, 1519 (2000). Exploring old and new benzene formation pathways in low-pressure premixed flames of aliphatic fuels.

[114] M. Frenklach, H. Wang, *Twenty-Third Symposium (International) on Combustion*, **23**, 1559 (1991). Detailed Modeling of Soot Particle Nucleation and Growth.

[115] P. Dagaut, *Combust. Flame*, **121**, 651 (2000). Experimental and Kinetic Modeling of the Reduction of NO by Propene at 1 Atm.

[116] N. González-García, *Persönliche Mitteilung*, Universität Karlsruhe, 2010.

[117] T. Higashihara, W. C. Gardiner, S. M. Hwang, *J. Phys. Chem.*, **91**, 1900 (1987). Shock tube and modeling study of methylamine thermal decomposition.

[118] E. Meyer, *Dissertation, Universität Göttingen*, Cuvillier Verlag, Göttingen, 1972.

[119] E. A. Dorko, N. R. Pchelkin, J. C. Wert, G. W. Mueller, *J. Phys. Chem.*, **83**, 297 (1979). Initial shock tube studies of monomethylamine.

[120] D. M. Golden, R. K. Solly, N. A. Gac, S. W. Benson, *J. Am. Chem. Soc.*, **94**, 363 (1972). Very Low Pressure Pyrolysis. V. Benzylamine, N-Methylbenzylamine, and N,N-Dimethylbenzylamine and the Heat of Formation of the Amino, Methylamino, and Dimethylamino Radicals.

[121] R. G. Parr, W. Yang, *Density-functional theory of atoms and molecules*, Oxford University Press, Oxford, 1989.

[122] A. D. Becke, *J. Chem. Phys.*, **98**, 5648 (1993). Density-functional thermochemistry. III. The role of exact exchange.

[123] T. H. Dunning jr., *J. Chem. Phys.*, **90**, 1007 (1989). Gaussian basis sets for use in correlated molecular calculations. I. The atoms boron through neon and hydrogen.

[124] R. A. Kendall, T. H. Dunning jr., R. J. Harrison, *J. Chem. Phys.*, **96**, 6796 (1992). Electron affinities of the first-row atoms revisited. Systematic basis sets and wave functions.

[125] J. P. Merrick, D. Moran, L. Radom, *J. Phys. Chem. A*, **111**, 11683 (2007). An evaluation of harmonic vibrational frequency scale factors.

[126] J. Čížek, *J. Chem. Phys.*, **45**, 4256 (1966). On the Correlation Problem in Atomic and Molecular Systems. Calculation of Wavefunction Components in Ursell-Type Expansion Using Quantum-Field Theoretical Methods.

[127] G. D. Purvis III, R. J. Bartlett, *J. Chem. Phys.*, **76**, 1910 (1982). A full coupled-cluster singles and doubles model: The inclusion of disconnected triples.

[128] J. A. Pople, M. Head-Gordon, K. Raghavachari, *J. Chem. Phys.*, **87**, 5968 (1987). Quadratic configuration interaction. A general technique for determining electron correlation energies.

[129] T. Helgaker, W. Klopper, H. Koch, J. Noga, *J. Chem. Phys.*, **106**, 9636 (1997). Basis-set convergence of correlated calculations on water.

[130] A. Halkier, T. Helgaker, P. Jorgensen, W. Klopper, H. Koch, J. Olsen, A. K. Wilson, *Chem. Phys. Lett.*, **286**, 243 (1998). Basis-set convergence in correlated calculations on Ne, $N_2$, and $H_2O$.

[131] M. J. Frisch, G. W. Trucks, H. B. Schlegel, G. E. Scuseria, M. A. Robb, J. R. Cheeseman, J. A. Montgomery jr., T. Vreven, K. N. Kudin, J. C. Burant, J. M. Millam, S. S. Iyengar, J. Tomasi, V. Barone, B. Mennucci, M. Cossi, G. Scalmani, N. Rega, G. A. Petersson, H. Nakatsuji, M. Hada, M. Ehara, K. Toyota, R. Fukuda, J. Hasegawa, M. Ishida, T. Nakajima, Y. Honda, O. Kitao, H. Nakai, M. Klene, X. Li, J. E. Knox, H. P. Hratchian, J. B. Cross, C. Adamo, J. Jaramillo, R. Gomperts, R. E. Stratmann, O. Yazyev, A. J. Austin, R. Cammi, C. Pomelli, J. W. Ochterski, P. Y. Ayala, K. Morokuma, G. A. Voth, P. Salvador, J. J. Dannenberg, V. G. Zakrzewski, S. Dapprich, A. D. Daniels, M. C. Strain, O. Farkas, D. K. Malick, A. D. Rabuck, K. Raghavachari, J. B. Foresman, J. V. Ortiz, Q. Cui, A. G. Baboul, S. Clifford, J. Cioslowski, B. B. Stefanov, G. Liu, A. Liashenko, P. Piskorz, I. Komaromi, R. L. Martin, D. J. Fox, T. Keith, M. A. Al-Laham, C. Y. Peng, A. Nanayakkara, M. Challacombe, P. M. W. Gill, B. Johnson, W. Chen, M. W. Wong, C. Gonzalez, J. A. Pople, *Gaussian 03, Revision C.02*, Gaussian, Inc., Wallingford CT, 2004.

[132] M. Olzmann, *FORTRAN-Programm eiguss*, Universität Karlsruhe.

[133] M. Olzmann, *FORTRAN-Programm sacm*, Universität Karlsruhe.

[134] G. P. Smith, D. M. Golden, *Int. J. Chem. Kin.*, **10**, 489 (1978). Application of RRKM theory to the reactions $OH + NO_2 + N_2 \rightarrow HONO_2 + N_2$ (1) and $ClO + NO_2 + N_2 \rightarrow ClONO_2 + N_2$ (2); a modified gorin model transition state.

[135] W. H. Press, S. A. Teukolsky, W. T. Vetterling, B. P. Flannery, *Numerical Recipes in FORTRAN*, Cambridge University Press, New York, 2 ed., 1992.

[136] G. B. Ellison, G. E. Davico, V. M. Bierbaum, C. H. DePuy, *Int. J. Mass Spectrom. Ion Processes*, **156**, 109 (1996). Thermochemistry of the benzyl and allyl radicals and ions.

[137] W. R. Anderson, *J. Phys. Chem.*, **93**, 130 (1989). Oscillator strengths of $NH_2$ and the heats of formation of NH and $NH_2$.

[138] A. S. Carson, P. G. Laye, M. Yürekl, *J. Chem. Thermodyn.*, **9**, 827 (1977). The enthalpy of formation of benzylamine.

[139] W. Tsang, *Energetics of Organic Free Radicals, Heats of Formation of Organic Free Radicals by Kinetic Methods*, J. A. Martinho Simoes, A. Greenberg, J. F. Liebman, eds., Blackie Academic and Professional, London, 1996.

[140] M. W. Chase jr., *Journal of Physical and Chemical Reference Data* (1998). NIST-JANAF Themochemical Tables.

[141] J. D. Cox, G. Pilcher, *Thermochemistry of Organic and Organometallic Compounds*, Academic Press, New York, 1970.

[142] T. S. Papina, S. M. Pimenova, V. A. Luk'yanova, V. P. Kolesov, *Russ. J. Phys. Chem. (Engl. Transl.)*, **69**, 1951 (1995). Standard enthalpies of formation of benzyl alcohol and $\alpha, \alpha, \alpha$-trichlorotoluene.

[143] R. X. Fernandes, B. R. Giri, H. Hippler, C. Kachiani, F. Striebel, *J. Phys. Chem. A*, **109**, 1063 (2005). Shock Wave Study on the Thermal Unimolecular Decomposition of Allyl Radicals.

[144] T. Bentz, B. R. Giri, H. Hippler, M. Olzmann, F. Striebel, M. Szöri, *J. Phys. Chem. A*, **111**, 3812 (2007). Reaction of Hydrogen Atoms with Propyne at High Temperatures: An Experimental and Theoretical Study.

[145] A. A. Konnov, *Combust. Flame*, **156**, 2093 (2009). Implementation of the NCN pathway of prompt-NO formation in the detailed reaction mechanism.

[146] Q. Cui, K. Morokuma, J. M. Bowman, S. J. Klippnstein, *J. Chem. Phys.*, **110**, 9469 (1999). The spin-forbidden reaction $CH(^2\Pi) + N_2 \rightarrow HCN + N(^4S)$ revisited. II. Nonadiabatic transition state theory and application.

[147] A. Wada, T. Takayanagi, *J. Chem. Phys.*, **116**, 7065 (2002). A quantum reactive scattering study of the spin-forbidden $CH(X^2\Pi)+ N_2(X^1\Sigma_g^+) \rightarrow HCN(X^1\Sigma^+) + N(^4S)$ reaction.

[148] L. V. Moskaleva, M. C. Lin, *Proc. Combust. Inst.*, **28**, 2393 (2000). The spin-conserved reaction $CH + N_2 \rightarrow H + NCN$: A major pathway to prompt NO studied by quantum/statistical theory calculations and kinetic modeling of rate constant.

[149] G. P. Smith, *Chem. Phys. Lett.*, **367**, 541 (2003). Evidence of NCN as a flame intermediate for prompt NO.

[150] J. A. Sutton, B. A. Williams, J. W. Fleming, *Combust. Flame*, **153**, 465 (2008). Laser-induced fluorescence measurements of NCN in low-pressure $CH_4/O_2/N_2$ flames and its role in prompt NO formation.

[151] N. Lamoureux, X. Mercier, C. Western, J. Pauwels, P. Desgroux, *Proc. Comb. Inst.*, **32**, 937 (2009). NCN quantitative measurement in a laminar low pressure flame.

[152] R. J. H. Klein-Douwel, N. J. Dam, J. ter Meulen, *Opt. Lett.*, **33**, 2620 (2008). Laser-induced fluorescence of NCN in low and atmospheric pressure flames.

[153] Z. W. Sun, N. J. Dam, Z. S. Li, M. Aldén, *Combust. Flame*, **157**, 834 (2010). NCN detection in atmospheric flames.

[154] V. Vasudevan, R. K. Hanson, C. T. Bowman, D. M. Golden, D. F. Davidson, *J. Phys. Chem. A*, **111**, 11818 (2007). Shock Tube Study of the Reaction of CH with $N_2$: Overall Rate and Branching Ratio.

[155] T. Takayanagi, *Chem. Phys. Lett.*, **368**, 393 (2003). A CASPT2 study of the doublet potential energy surface for the $CH(X^2\Pi)+ N_2(X^1\Sigma_g^+)$ reaction.

[156] L. B. Harding, S. J. Klippenstein, J. A. Miller, *J. Phys. Chem. A*, **112**, 522 (2008). Kinetics of $CH + N_2$ Revisited with Multireference Methods.

[157] A. El-bakali, L. Pillier, P. Desgroux, B. Lefort, L. Gasnot, J. F. Pauwels, I. da Costa, *Fuel*, **85**, 896 (2006). NO prediction in natural gas flames using GDF-Kin$^R$ 3.0 mechanism NCN and HCN contribution to prompt-NO formation.

[158] J. A. Sutton, J. W. Fleming, *Combust. Flame*, **154**, 630 (2008). Towards accurate kinetic modeling of prompt NO formation in hydrocarbon flames via the NCN pathway.

[159] R. S. Zhu, M. C. Lin, *Int. J. Chem. Kin.*, **37**, 593 (2005). Ab initio study of the oxidation of NCN by $O_2$.

[160] R. S. Zhu, M. C. Lin, *J. Phys. Chem. A*, **111**, 6766 (2007). Ab Initio Study on the Oxidation of NCN by O ($^3$P): Prediction of the Total Rate Constant and Branching Ratios.

[161] R. S. Zhu, H. M. T. Nguyen, M. C. Lin, *J. Phys. Chem. A*, **113**, 298 (2009). Ab Initio Study on the Oxidation of NCN by OH: Prediction of the Individual and Total Rate Constants.

[162] C.-L. Huang, S. Y. Tseng, T. Y. Wang, N. S. Wang, Z. F. Xu, M. C. Lin, *J. Chem. Phys.*, **122**, 184321 (2005). Reaction mechanism and kinetics of the NCN+NO reaction: Comparison of theory and experiment.

[163] R. E. Baren, J. F. Hershberger, *J. Phys. Chem. A*, **106**, 11093 (2002). Kinetics of the NCN radical.

[164] H.-T. Chen, J.-J. Ho, *J. Phys. Chem. A*, **109**, 2564 (2005). Theoretical Investigation of the Mechanisms of Reaction of NCN with NO and NS.

[165] Z.-G. Wei, Q.-S. Li, S.-W. Zhang, Y.-B. Sun, C.-C. Sun, *J. Mol. Structure*, **722**, 139 (2005). Quantum mechanical studies on the potential energy surface of the reactions $^3$NCN/$^3$CNN+NO, $^1$NNO+CN and $^2$N$_3$+CO.

[166] O. Welz, *Dissertation* (2009). Laserspektroskopische Untersuchungen und molekularkinetische Modellierung der Kinetik von Radikalreaktionen in der Gasphase.

[167] T. J. Yang, N. S. Wang, L. C. Lee, Z. F. Xu, M. C. Lin, *J. Phys. Chem. A*, **112**, 10185 (2008). Kinetics and Mechanism of the NCN+NO$_2$ Reaction Studied by Experiment and Theory.

[168] C. Kappler, *Dissertation* (2010). Untersuchungen komplexbildender bimolekularer Reaktionen in der Gasphase mit laserspektroskopischen Methoden und statistischer Reaktionstheorie.

[169] L. V. Moskaleva, M. C. Lin, *J. Phys. Chem. A*, **105**, 4156 (2001). Computational Study on the Energetics of NCN Isomers and the Kinetics of the C + N$_2$ $\rightleftharpoons$ N + CN Reaction.

[170] R. T. Bise, H. Choi, D. M. Neumark, *J. Chem. Phys.*, **111**, 4923 (1999). Photodissociation dynamics of singlet anf triplet states of the NCN radical.

[171] L. V. Moskaleva, *Persönliche Mitteilung*, 2008.

[172] S. Baumgärtel, K. H. Gericke, F. J. Comes, *Ber. Bunsenges. Phys. Chem.*, **98**, 1009 (1994). Characterisation of CN in the Photodissociation of Cyanogen Azide at 193 nm.

[173] J. Dammeier, G. Friedrichs, *Eingereicht bei J. Phys. Chem. A* (2010). The Thermal Decomposition of $NCN_3$ as a High Temperature NCN Radical Source: Singlet-Triplet Relaxation and Absorption Cross Section of $NCN(^3\Sigma)$.

[174] D. E. Milligan, M. E. Jacox, A. M. Bass, *J. Chem. Phys.*, **43**, 3149 (1965). Matrix Isolation Study of the Photolysis of Cyanogen Azide. The Infrared and Ultraviolet Spectra of the Free Radical NCN.

[175] Sigma-Aldrich, *Sicherheitsdatenblatt Cyanogenbromid*, 2006.

[176] B. Bak, O. Bang, F. Nicolaisen, O. Rump, *Spectrochimica Acta*, **27**, 1865 (1971). Assignment of vibrational frequencies in the infrared and Raman spectra of cyanogen azide.

[177] A. J. Dean, R. K. Hanson, *Int. J. Chem. Kin.*, **24**, 517 (1992). CH and C-Atom Time Histories in Dilute Hydrocarbon Pyrolysis: Measurements and Kinetics Calculations.

[178] M. W. Markus, P. Roth, *Int. J. Chem. Kin.*, **24**, 433 (1992). On the Reaction of CH with CO Studied in High Temperature $CH_4/Ar$ + CO Mixtures.

[179] J. H. Kiefer, S. S. Kumaran, *J. Phys. Chem.*, **97**, 414 (1993). Rate of $CH_4$ Dissociation over 2800-4300 K: The Low Pressure-Limit Rate Constant.

[180] K. Thielen, P. Roth, *Proc. Combust. Inst.*, **20**, 685 (1984). Resonance Absorption Measurements of N and O Atoms in High Temperature NO Dissociation and Formation Kinetics.

[181] K. Thielen, P. Roth, *AIAA Journal*, **24**, 1102 (1986). N atom measurements in high-temperature $N_2$ dissociation kinetics.

[182] D. F. Davidson, R. K. Hanson, *Int. J. Chem. Kin.*, **22**, 843 (1990). High Temperature Reaction Rate Coefficients derived from N-Atom ARAS Measurements and Excimer Photolysis of NO.

[183] T. Kruse, P. Roth, *J. Phys. Chem. A*, **101**, 2138 (1997). Kinetics of $C_2$ Reactions during High-Temperature Pyrolysis of Acetylene.

[184] R. K. Hanson, *J. Chem. Phys.*, **60**, 4970 (1974). Shock-tube study of carbon monoxide dissociation kinetics.

[185] D. L. Baulch, C. T. Bowman, C. J. Cobos, R. A. Cox, T. Just, J. A. Kerr, M. J. Pilling, D. Stocker, J. Troe, W. Tsang, R. W. Walker, J. Warnatz, *Journal of Physical and Chemical Reference Data*, **34**, 757 (2005). Evaluated kinetic data for combustion modelling. Supplement II.

[186] W. L. Weise, J. R. Fuhr, *Journal of Physical and Chemical Reference Data*, **36**, 1287 (2007).

[187] M. E. Jacox, *Journal of Physical and Chemical Reference Data*, **32**, 1 (2003). Vibrational and Electronic Energy Levels of Polyatomic Transient Molecules. Supplement B.

[188] J. N. Harvey, *Phys. Chem. Chem. Phys.*, **9**, 331 (2007). Understanding the kinetics of spin-forbidden chemical reactions.

[189] M. Olzmann, J. Troe, *Ber. Bunsenges. Phys. Chem.*, **98**, 1563 (1994). Approximate Determination of Rovibrational Densities of States $\rho(E, J)$ and Numbers of States $W(E, J)$.

[190] K. Fukui, *Acc. Chem. Res.*, **14**, 363 (1981). The path of chemical reactions - the IRC approach.

[191] C. Wittig, *J. Phys. Chem. B*, **109**, 8428 (2005). The Landau-Zener formula.

[192] E. E. Nikitin, *Annu. Rev. Phys. Chem.*, **50**, 1 (1999). Nonadiabatic transitions: What we learned from old masters and how much we owe them.

[193] G. P. Smith, D. M. Golden, M. Frenklach, N. W. Moriarty, B. Eiteneer, M. Goldenberg, C. T. Bowman, R. Hanson, S. Song, W. C. Gardiner jr., V. Lissianski, Z. Qin, *GRI-Mech. Version 3.0 (http://www.me.berkeley.edu/gri-mech/data/species/thermo.dat*, 1999.

[194] M. Röhrig, E. L. Petersen, D. F. Davidson, R. K. Hanson, C. T. Bowman, *Int. J. Chem. Kin.*, **29**, 781 (1997). Measurement of the Rate Coefficient of the Reaction $CH + O_2 \rightarrow$ Products in the Temperature Range 2200 to 2600 K.

# Publikationsliste

## Vorträge

1. A. Busch, „Stoßwellenuntersuchungen zur Kinetik der Reaktion $C_3H_3$ + $C_3H_3$ mit laserspektroskopischer Detektion", Seminarvortrag, Institut für Physikalische Chemie, Christian-Albrechts-Universität zu Kiel (Deutschland), 2006

## Posterpräsentationen

1. A. Busch, T. Bentz, M. Olzmann, F. Striebel, „A shock wave study on the propargyl recombination reaction using Ar ion laser absorption spectroscopy as detection technique ", $19^{th}$ International Symposium on Gas Kinetics, Orléans (Frankreich), 2006

2. A. Busch, T. Bentz, H. Hippler, M. Olzmann, F. Striebel, „A shock wave study on the propargyl recombination using Ar ion laser absorption spectroscopy as detection technique ", $31^{st}$ International Symposium on Combustion, Heidelberg (Deutschland), 2006

3. A. Busch, N. González-García, M. Olzmann, „Shock-Tube Study of the Thermal Decomposition of NCN", $4^{th}$ European Combustion Meeting, Wien (Österreich), 2009

4. A. Busch, N. González-García, M. Olzmann, „Thermal Decomposition of NCN: Shock-Tube Study and Master-Equation Modelling", $30^{th}$ International Symposium on Free Radicals, Savonlinna (Finnland), 2009

## Publikation in Vorbereitung

1. A. Busch, N. González-García, M. Olzmann, „Thermal Decomposition of NCN: Shock-Tube Study and Master-Equation Modeling"